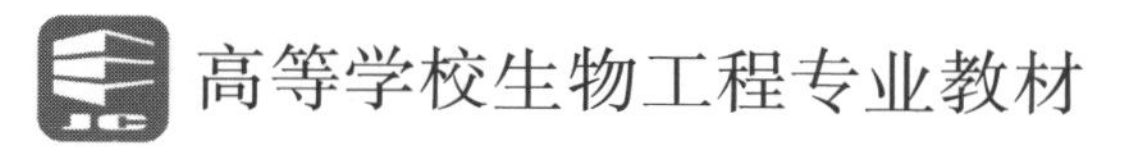


# 微生物学实验指导

关统伟　焦士蓉　主编

中国轻工业出版社

**图书在版编目（CIP）数据**

微生物学实验指导 / 关统伟，焦士蓉主编. — 北京：中国轻工业出版社，2023.6
高等学校生物工程专业教材
ISBN 978-7-5184-4396-3

Ⅰ. ①微…　Ⅱ. ①关…　②焦…　Ⅲ. ①微生物学—实验—高等学校—教材　Ⅳ. ①Q93-33

中国国家版本馆 CIP 数据核字（2023）第 048607 号

责任编辑：马　妍　　责任终审：白　洁
文字编辑：巩孟悦　　责任校对：宋绿叶　　封面设计：锋尚设计
策划编辑：马　妍　　版式设计：砚祥志远　　责任监印：张　可

出版发行：中国轻工业出版社（北京东长安街 6 号，邮编：100740）
印　　刷：三河市万龙印装有限公司
经　　销：各地新华书店
版　　次：2023 年 6 月第 1 版第 1 次印刷
开　　本：787×1092　1/16　印张：9.5
字　　数：200 千字
书　　号：ISBN 978-7-5184-4396-3　定价：32.00 元
邮购电话：010-65241695
发行电话：010-85119835　传真：85113293
网　　址：http://www.chlip.com.cn
Email：club@chlip.com.cn
如发现图书残缺请与我社邮购联系调换
211223J1X101ZBW

# 本书编写人员


主　　编　关统伟　西华大学

　　　　　焦士蓉　西华大学

副 主 编　李玉锋　西华大学

　　　　　刘松青　成都师范学院

编写人员（按照拼音字母排序）

　　　　　陈雪娇　西华大学

　　　　　辜运富　四川农业大学

　　　　　李恋龙　成都师范学院

　　　　　向泉桔　四川农业大学

　　　　　曾朝懿　西华大学

# 前　言

微生物作为地球最早的生命形式，在社会发展体系中的工业、农业、医疗、食品、环保等领域发挥了不可替代的作用，更好地认识、实践与利用微生物资源也是人类文明进步的象征。

微生物学实验是多门学科的主干课程，将微生物实验技术与现代产业相结合，使学生既能掌握基础，又能解决生产实践问题，在创新教育的基础上，推动人才创新培养，实现微生物产业的科技进步，为全面建设社会主义现代化国家提供基础性、战略性支撑，是本书的目的之一。另外，根据长期的微生物实验经验，发现当代微生物实验用书越来越厚，知识体系越来越广泛，而学生实际的实验课时通常在 30 个学时以内。作者本着“以学生为本”的原则去繁存简，旨在培养学生的实验技能、思考和解决问题的基本技能，巩固所学知识体系以及激发学生的探索求新能力，本教材可作为《微生物学》的配套实验教材。

本教材由长期从事微生物科学研究与实验的一线教师分工编写，他们具有丰富的教学经验和实践基础。李恋龙编写第一章“普通光学显微镜的构造与使用”以及第十章“食品中菌落总数和总大肠菌群的测定”和“污水中大肠杆菌噬菌体的分离与效价测定”，关统伟编写第二章“微生物的纯培养”和第十章“土壤微生物的分离与纯化”及“细菌 DNA 的提取与 16*S* rRNA 序列的快速鉴定”，辜运富编写第三章“微生物的染色技术”，刘松青编写第四章“常规培养基的制备”，焦士蓉编写第五章“消毒与灭菌”和第六章“微生物大小和数量的测定”，向泉桔编写第七章“环境因素对微生物生长的影响”，曾朝懿编写第八章“微生物的代谢实验”，陈雪娇编写第九章“微生物分子生物学基础实验”，李玉锋编写第十章“抗生素效价的生物测定”和“固定化酵母发酵酒精”。

本教材实验内容由浅入深，由基础到综合，便于学生理解与掌握。由于编写经验和水平有限，难免有不足之处，恳请读者谅解与批评指正。

编者<br>2023 年 2 月

# 目　录

# 第一章 普通光学显微镜的构造与使用

CHAPTER 1

自然界中的大多数微生物十分微小，常以微米（$10^{-6}$m）或者纳米（$10^{-9}$m）来描述其大小，而肉眼的分辨率一般只有 $2\times10^{-4}$m，不易观察到微生物的形态特征及其精细复杂的内部特征，需要借助显微镜来观察。显微镜的种类有很多，常用的显微镜可以分为光学显微镜及电子显微镜两种。光学显微镜的分辨率为 0.2μm，而电子显微镜可达 0.2nm，观察时可根据微生物的形态大小及需求对显微镜进行选择。普通光学显微镜是微生物实验中最常用的显微镜，在本实验中，主要学习普通光学显微镜的构造及成像原理，能使用普通光学显微镜对标本进行观察，并学会正确保养显微镜。

## 实验一　使用低倍镜、高倍镜和油镜观察微生物细胞

### 一、 实验目的

1. 了解普通光学显微镜的结构和放大原理。
2. 掌握正确使用显微镜的方法。
3. 掌握油镜的工作原理及使用方法。
4. 学习显微镜的日常保养方法。

### 二、 实验原理

普通光学显微镜的基本结构分为机械部分和光学部分，如图 1-1 所示。

#### （一）机械装置

1. 镜臂和镜座

镜座位于显微镜的底部，使显微镜平稳地置于桌面，镜臂是显微镜的脊梁，两者共同起着支撑与稳定的作用。

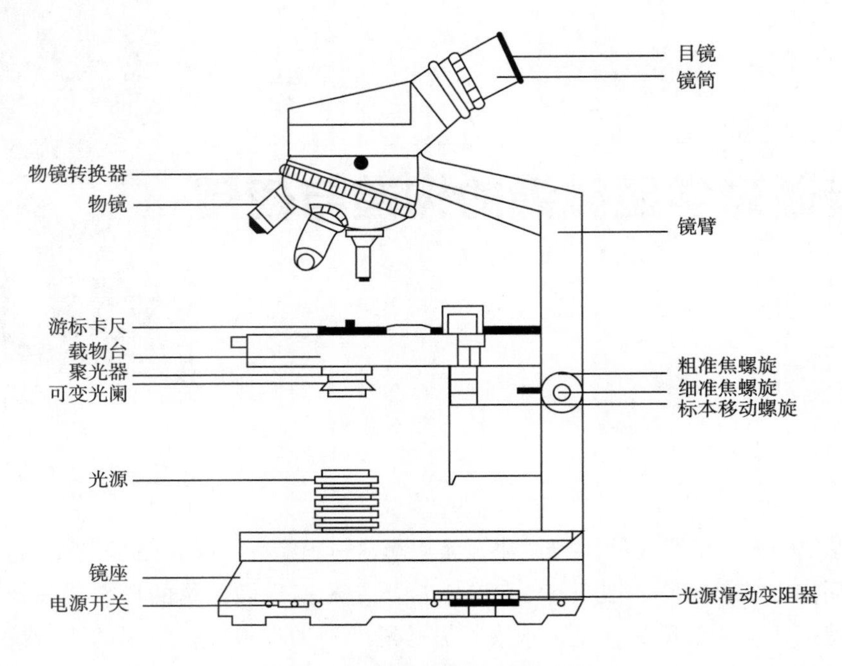


图 1-1 普通光学显微镜的构造

2. 镜筒

镜筒位于镜臂的上端，是由金属或塑料制成的空心圆筒，上部可装目镜，下部连接载物台。目前，常用的是双镜斜筒，两筒之间的距离可以调节，以适应不同的瞳距。

3. 物镜转换器

物镜转换器位于镜筒的下端，是一个可以旋转的圆盘，有 4~6 个孔，用于安装不同倍数的物镜。在切换不同倍数的物镜时，必须用手按住圆盘旋转，不能直接通过推动物镜进行转换。

4. 载物台

载物台用于安放被检物体，物体可被载物台上的两个金属压夹固定，操作镜台上的移动器可以使载物台发生前后、左右移动。

5. 调焦装置

调焦装置包括位于镜臂上的粗准焦螺旋和细准焦螺旋。粗准焦螺旋每旋一周可以使载物台上升或下降 20mm，而细准焦螺旋每旋一周可以使载物台上升或下降 0. 1mm，用于调节物镜与载物台之间的距离，使物像更清晰。

## （二）光学装置

1. 物镜

物镜位于转换器上，由多个凹透镜和凸透镜组成，具有低倍（4×）、中倍（10~20×）、高倍（40~65×）、油镜（100×）等不同的放大倍数。物镜上标有放大倍数、数值孔径、镜筒长度、标本上盖玻片的厚度等数值，如图 1-2 所示。当观察者在显微镜中看到的标本为最清晰时，物镜透镜最前端到标本盖玻片上端的距离被称为物镜的工作距离。不同放大倍数的物镜其工作距离不同，物镜的放大倍数越大，其工作距离越短。

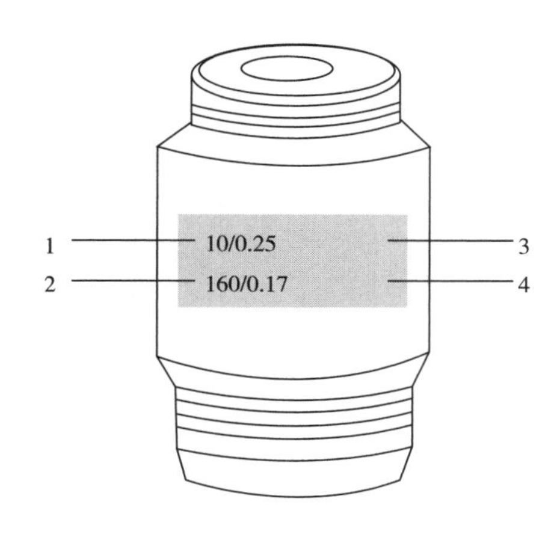


图 1-2　物镜主要参数

1—放大倍数　2—筒长　3—数值孔径　4—盖玻片厚度

2. 目镜

目镜装在镜筒中，对物像起到再次放大的作用。目镜一般具有 5×、10×、15×等不同的放大倍数。目镜中含有两个透镜，上面一块是接目透镜，下面一块是会聚透镜。两块透镜之间装有一个光阑，光阑的大小决定了视野的大小，为了便于指明观察的具体位置，通常会在光阑上粘贴一根细发作为指示的指针，也可以在光阑上放置目镜测微尺，用于测量标本的大小。

3. 照明系统

照明系统包括光源和聚光器两个部分。新式显微镜的光源一般安装在镜座内，带有开关。聚光器将光源发射的光线聚集起来，可增强标本的照明度，提高物镜的分辨率。在使用低倍物镜时，可下调聚光器，使用油镜时，可上调聚光器。聚光器的下方装有可变光阑，由十几张金属薄片组成，通过放大或者缩小，可改变聚光器的数值孔径及光的强度。

### （三）显微镜的放大原理

1. 显微镜的成像原理

显微镜主要依靠目镜和物镜对观察标本起到放大作用。目镜和物镜的结构比较复杂，但都起到凸透镜的作用。光线经聚光器汇集，照射到被检标本上，让标本得到足够的照明，由标本 AB 经反射或折射出的光线经过物镜，使光轴进入与水平面倾斜 45°角的棱镜，在目镜的焦平面上形成一个初次放大的倒立的实像 A′B′，该实像再经过目镜的接目透镜放大，形成一个正立虚像 A″B″于无穷远或明视距离，以供人眼观察，如图 1-3 所示。显微镜的放大倍数就是目镜放大倍数与物镜放大倍数的乘积。如目镜的放大倍数是 10 倍，物镜的放大倍数是 40，那么这个标本就被放大 400 倍。

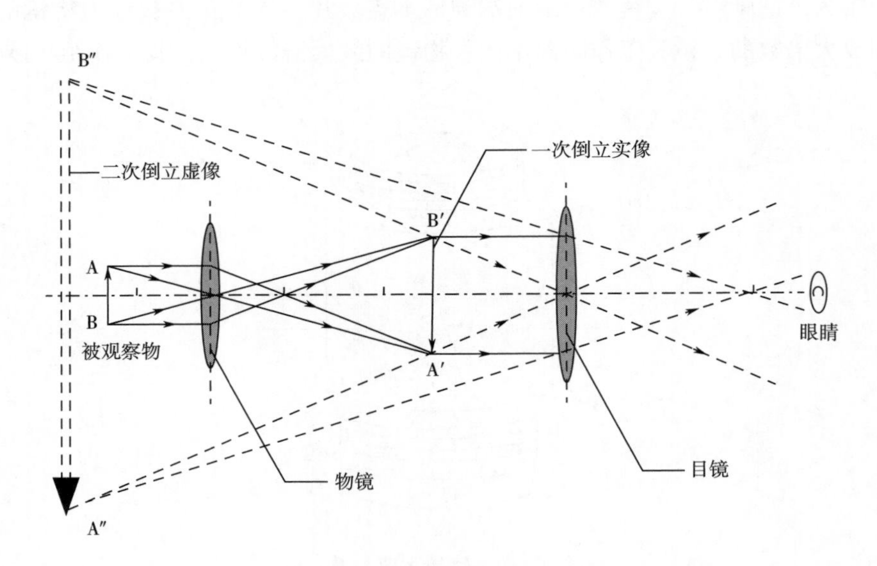


图 1-3　普通光学显微镜成像原理

2. 分辨率

显微镜成像的质量主要取决于分辨率。分辨率是显微镜能辨别两点之间的最小距离（$D$）。一般用式（1-1）计算：

$$D = \frac{0.61\lambda}{N \cdot \sin(\alpha/2)} \tag{1-1}$$

式中　$N$——标本和物镜之间介质的折射率；

$\alpha$——镜口角（通过标本的光线延伸到物镜前透镜边缘所形成的夹角，如图 1-4 所示）；

$N \cdot \sin(\alpha/2)$——介质的折射率与镜口角 1/2 正弦的乘积，即数值孔径（NA）；

$\lambda$——光波波长。

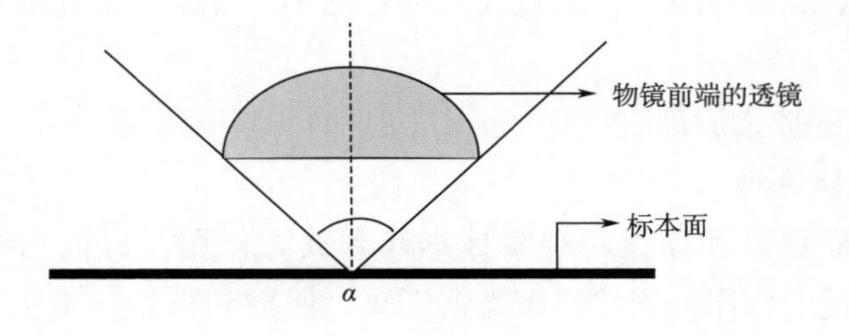


图 1-4　物镜镜口角

由式（1-1）得知，显微镜的分辨率与光波波长成正比，与数值孔径成反比。在可见光中，最短波长约为 $\lambda$=450nm，若标本和物镜之间介质为空气，则 $N$=1，现在所用的油镜其 $\alpha/2$ 为 60°左右，此时的分辨率约为 317nm，约 0.3μm，若使用油镜时，标本和物镜之间介质为香柏油，则 $N=1.515$，此时的分辨率约为 209nm，约 0.2μm。

光线经过空气介质透过物镜时，由于空气介质和玻璃（$N=1.54$）的折射率不一样，光线会发生一定的曲折，产生散射的现象，降低视野的明亮度，而香柏油其折射率和玻璃的折射率相近，会减少光线透过玻璃发生散射的现象，因此，滴加香柏油不仅提高了显微镜的分辨率，还增强了视野的明亮度。

## 三、 实验材料

酵母菌、放线菌、金黄色葡萄球菌、枯草芽孢杆菌、青霉菌、黑根霉菌、曲霉菌等永久装片、香柏油、二甲苯、擦镜纸、普通光学显微镜。

## 四、 实验步骤

### （一）显微镜的观察准备

（1）左手托着镜座，右手握住镜臂，从显微镜箱子中取出显微镜，平放在实验台上，使显微镜镜座与实验台边缘的距离在 6~8cm 为宜，并接通电源。

（2）打开显微镜的光源开关，调节光亮至合适。

（3）转动转换器，使低倍镜转到工作位置。

（4）将物镜与镜台之间的距离调节到 1~2cm 处，取下目镜，从镜筒内观察，调节孔径光阑的大小，使其等于或略小于视野的大小，放回目镜。

（5）调节聚光器的位置，使镜筒内的光线均匀适中。

### （二）低倍镜下观察标本

（1）把镜台调到最低点，将永久装片放在载物台上，用玻片移动尺夹住，转动粗准焦螺旋，使物镜镜头靠近永久装片，此过程需从侧面注视物镜镜头与永久装片之间的距离，以防物镜将标本压碎。

（2）从目镜中观察，同时转动粗准焦螺旋使镜筒缓缓上升，直到目镜中出现一个清晰的视野为止，再转动细准焦螺旋，直到视野最清晰。

（3）转动标本移动器，通过前后左右移动载物台，找到最佳视野，同时绘制低倍镜下观察到的标本形态。

### （三）高倍镜下观察标本

转动转换器，使高倍镜转到工作位置，在一般情况下，低倍镜下若已对焦，则高倍镜因与低倍镜是共焦点，高倍镜也能对焦，此时只需略调细准焦螺旋就可使物像清晰，同时可根据需要调节孔径光阑的大小或聚光器的高低，使光线符合要求，并绘制高倍镜下观察到的标本形态。

### （四）油镜下观察标本

对于个体较小的细菌，若要更好地观察其形态，在高倍镜下找到清晰的物像后，还需要进一步操作，在油镜下对其观察。

（1）转动粗准焦螺旋，使载物台降低（或使镜筒上升），在标本中滴加 1~2 滴香柏油。转动转换器，使油镜（100×）转到工作位置，调节粗准焦螺旋，从侧面注视油镜镜头与标本之间的距离，让油镜前端浸入香柏油中，应特别注意不能压在标本上，更不可用力过猛，否则不仅会压碎玻片标本，也会损坏镜头。

（2）从目镜中观察标本，同时转动粗准焦螺旋使载物台缓缓降低（或使镜筒上升），直到目镜中出现物像为止，再转动细准焦螺旋至物像清晰。绘制油镜下观察到的标本形态。

**（五）显微镜用毕后的处理**

（1）将光线调到最低，关闭电源。

（2）转动粗准焦螺旋，使载物台下降到最低点，取下标本。

（3）用擦镜纸擦去镜头上的香柏油，再蘸取少量二甲苯擦去镜头上残留的香柏油，最后用擦镜纸擦干镜头。在擦拭的过程中，应顺着同一直径方向进行，不要来回沿着圆周方向擦拭，以防镜头出现划痕。

（4）将物镜从通光孔移开，将镜头转成“八”字，检查零件有无损伤，检查完毕后，罩上防尘罩，放回镜箱。

## 五、实验注意事项

1. 观察标本时，需按照从低倍镜、高倍镜至油镜的顺序进行。

2. 转动粗准焦螺旋使物镜镜头靠近载物台时，需要从侧面注视，以免压碎标本、损伤镜头。

3. 使用二甲苯清洁残留的香柏油时，二甲苯的用量不宜过多，否则会使物镜中的树胶溶解，损坏物镜。同时，二甲苯具有毒性，使用时应小心。

## 六、实验报告

用生物学绘图方法绘制观察到的微生物细胞形态显微图 2~3 个。

**思考题**

1. 使用油镜时，为什么选用香柏油作为物镜与玻片间的介质？可以使用其他介质吗？

2. 油镜用毕后，为什么必须把镜油擦干净？可以使用酒精擦拭镜头吗？

3. 维护和保养显微镜还有哪些方法？

# 第二章 微生物的纯培养

CHAPTER 2

培养物（culture）是指一定时间一定空间内的微生物细胞群或生长物。如微生物的平皿培养物、摇瓶培养物等。如果某一培养物是由单一微生物细胞繁殖产生的，就称为微生物的纯培养物（pure culture）。微生物的分布极其广泛，可以说是无处不在，凡是动植物生活的地方，都有微生物的存在。我们经常会看到腐烂的水果或蔬菜、霉菌污染的玉米、发了霉的面包、变味的肉制品、发酵失败的葡萄酒等，这些都是微生物的杰作，因此，建立无菌概念和掌握熟练的无菌操作技术在现实生活中就显得尤为重要。另外，微生物在环境中通常混居在一起，即使是一个很小的区域也聚集着大量的微生物群体，如人体的皮肤表面每平方厘米约有10万个细菌，而一个病患者的喷嚏则含有4500~150000个细菌，重感冒患者为8500万个病毒粒子。如果要对这些复杂的微生物群体进行分类，则必须首先获得它们的纯培养，然后才能精确研究某种微生物的特性或分类地位。同样，纯培养技术也可以避免杂菌的污染，或者检测非目标培养物进入目的培养物的可能性，减少污染和生产损失。

## 实验二　微生物无菌操作技术

### 一、 实验目的

1. 熟练掌握从固体培养物中转接微生物的无菌操作技术。
2. 学习和认识无菌操作的重要性。

### 二、 实验原理

无菌操作是微生物实验中最基本也是最重要的技术之一。通常，高温对微生物具有致死效应，因此，在微生物的转接过程中，一般用火焰直接灼烧接种环（针、铲），从而达到灭菌的目的。同时，也要注意，保证在接种环等冷却后方可进行转接，否则将烫死微生物。本部分实验中需要转接的菌株通常选用大肠杆菌（*Escherichia coli*），因为大肠杆菌是实验室常用的一种革兰氏阴性细菌，生长繁殖快，易培养、易观察，并且一般无毒性。因此利用该菌的斜面培养和液体培养物进行无菌操作训练，可获得明确的结果。本实验部分主要介绍使用接种环转接大肠杆菌菌种的无菌操作技术。

## 三、 实验材料

1. 培养基

大肠杆菌营养琼脂斜面培养基（胰蛋白胨 10g，酵母粉 5g，氯化钠 10g，pH 6.8~7.2）、肉汤营养琼脂斜面培养基（蛋白胨 10g，牛肉膏粉 3g，氯化钠 5g，pH 7.0~7.5）。

2. 其他材料

无菌水、接种环、酒精灯、试管架、记号笔等。

## 四、 实验步骤

（1）首先使用记号笔分别标记 3 支肉汤营养琼脂斜面为 1 号管（接菌）、2 号管（接无菌水）、3 号管（非无菌操作），备用。

（2）按照图 2-1 所示将接种环进行火焰灼烧灭菌（烧至发红），注意使用完全燃烧层火焰，灭菌效果更好（注意：所有实验步骤均在无菌操作台内完成，操作台实验前已做好无菌处理）。

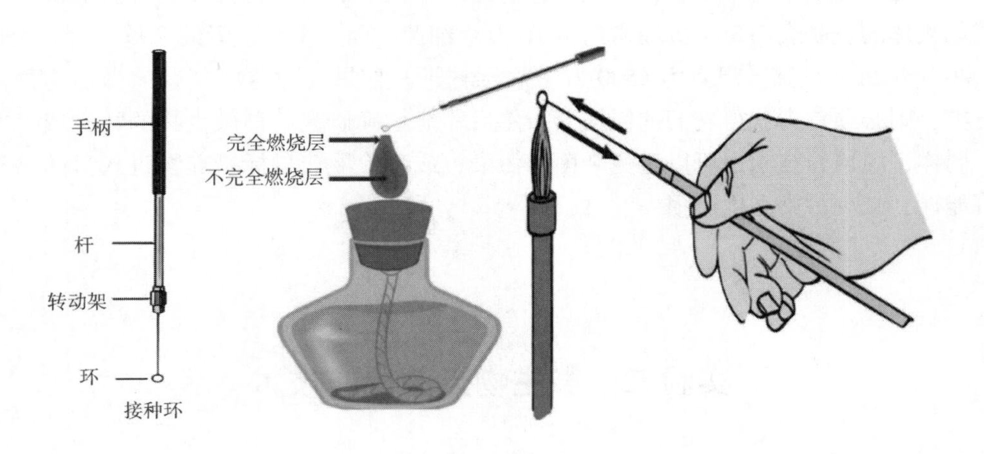


图 2-1 接种环的火焰灭菌

（3）在酒精灯的火焰旁打开斜面培养物（大肠杆菌）的试管帽，并将管口在火焰上烧一下，如图 2-2（1）所示。同时，一手持大肠杆菌斜面，另一手持接种环。

（4）将灭菌的接种环沿着斜面插入大肠杆菌培养斜面试管的上半部悬空，或者在斜面的边缘冷却 5~10s 后，挑起少许大肠杆菌的菌苔，移出接种环，再将管口的颈部过火焰烧一下，盖上管帽后将其放回试管架，如图 2-2（2）（3）（4）所示。

（5）从试管架上取出1号管，在火焰旁取下管帽，管口在火焰上烧一下，将沾有少量大肠杆菌菌苔的接种环迅速放进1号管斜面的底部（注意：接种环不要碰到试管口边）。然后从其底部开始向上作蛇形划线接种，如图2-2（5）所示。完毕后，按照图2-2（3）（4）的步骤烧一下试管口进行灭菌处理，并盖上管帽，最后将接种环在火焰上灼烧灭菌后放回原处，如图2-2（6）所示。

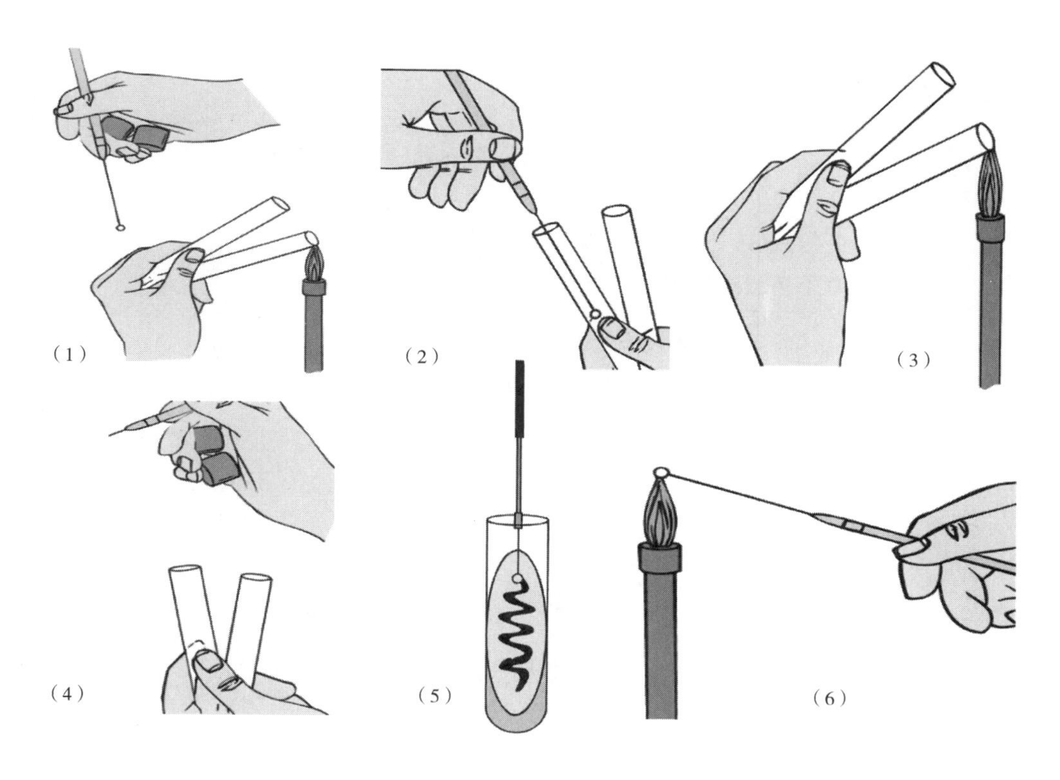


图2-2　接种环转接大肠杆菌示意图

（6）按上述方法从盛无菌水的试管中取一环无菌水于2号管中，同样划线接种。同时，以非无菌操作为对照：在无酒精灯的条件下，用未经灭菌的接种环从另一盛无菌水的试管中取一环水划线接种到3号管中。

（7）将转接过并标有1号、2号和3号的3支试管放置在培养箱内，调整温度为37℃，静置培养1d后，观察各管中微生物的生长情况，并做好实验结果记录。

## 五、实验注意事项

1. 火焰灭菌接种环或试管时，注意不要将手或其他皮肤部位烫伤。
2. 斜面试管的管帽取下时，注意不能放在桌上。

## 六、实验报告

将转接的试管斜面培养好后，仔细观察其微生物生长情况，并将培养结果记录在

表2-1中，同时做好实验的心得总结。

表2-1 实验结果记录表

| 试管 | 1号管 | 2号管 | 3号管 |
| --- | --- | --- | --- |
| 生长状况 | | | |
| 简要说明 | | | |

## 思考题

1. 为什么1号、2号和3号管的斜面培养的情况不一样？请结合所学微生物学知识进行解析。

2. 为什么在用接种环从斜面中取菌苔前，将斜面的管口先进行灼烧？

3. 通过本次的无菌操作实验，你有什么心得体会？

# 实验三 微生物的纯化技术

## 一、 实验目的

1. 熟练掌握平板划线分离纯化技术。
2. 学习和了解微生物纯化的原理。

## 二、 实验原理

环境中的微生物是一个复杂的群体，需要进行纯化获得其纯培养物，另外，纯培养物在培养过程中或者贮藏过程中由于时间过长也可能造成污染，所以需要定期地纯化、检测其纯度等。其基本原理是在合适的条件下，待检测的微生物在固体培养基上生长，形成的单个菌落可达到仅由单个细胞繁殖而成的集合体。从而通过挑取这种单菌落而获得其纯培养物。目前，平板分离纯化微生物的技术有平板稀释涂布法、平板划线分离法和双层琼脂平板分离法等。为避免与后面章节中“土壤微生物的分离与纯化”“污水中大肠杆菌噬菌体的分离与效价测定”等内容重复，本实验主要介绍最经典也是最常用的平板划线分离法。需要指出的是，纯培养的确定，除了观察其菌落特征外，往往还需要显微镜镜检进一步判断。因为，微生物个体很小，例如，细菌中的杆菌的平均长度为2μm，1500个杆菌首尾相连也仅仅相当于一粒芝麻的长度。所以，长出来的菌落有时可能不是一株菌，而且很多微生物的形态观察在颜色等外部特征上很难区分。

## 三、 实验材料

1. 菌种

培养有较长一段时间的大肠杆菌（*Escherichia coli*）或其他微生物（如酿酒酵母等）的平板或斜面（本次实验内容所用菌种为大肠杆菌）。

2. 培养基

牛肉膏蛋白胨琼脂平板培养基。

3. 其他材料

接种环、记号笔、酒精灯、普通光学显微镜、培养箱等。

## 四、 实验步骤

（1）用记号笔标明培养基名称、菌种编号和实验日期等。

（2）采用接种环在培养有较长一段时间的大肠杆菌的平板或斜面上无菌操作下取菌体少量，在近火焰处，一手拿皿底，一手拿接种环，在平板上如图 2-3 所示做连续划线。

（3）用接种环无菌操作划线时注意，第一次平行划线 4～6 次，再转动平板 70°～90°，并将接种环上剩余物烧掉，待其冷却后取菌体穿过第一次划线部分进行第二次划线，再用同样的方法穿过第二次划线部分进行第三次划线或再穿过第三次划线部分进行第四次划线（图 2-3）。

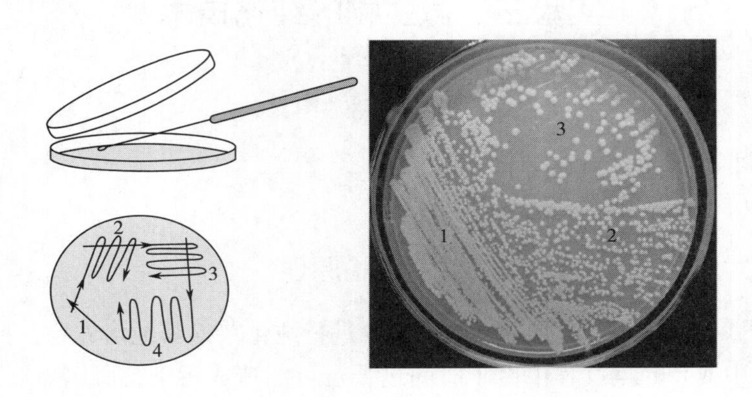


图 2-3　平板划线法纯化微生物

（4）划线完毕后，盖上培养皿盖，倒置于恒温培养箱中，37℃静置培养 1d。

（5）从培养平板中的单个菌落上挑取少许菌苔，涂在载玻片上，在显微镜下观察细胞的个体形态，结合菌落形态特征，综合分析。如不纯，仍需平板分离法再次进行纯化，直至确认为纯培养为止。

## 五、 实验注意事项

1. 平行线之间的距离小，使划线的次数增加。
2. 及时灼烧接种环上剩余的菌体，以确保后期单菌落的出现。

## 六、 实验报告

1. 平板划线法是否较好地得到了单菌落？如果不是，请分析原因。
2. 镜检显示单个菌落中的大肠杆菌形态特征是否一致？如果不是，请重新纯化。

**思考题**

平板上没有出现单菌落或出现了两种单菌落，你认为问题出现在哪里？

# 实验四　厌氧微生物的培养

## 一、实验目的

学习和掌握碱性焦性没食子酸法和厌氧罐法培养厌氧微生物的技术。

## 二、实验原理

地球表面70%被水覆盖，因此，厌氧微生物在自然界中分布极为广泛，种类繁多，如巴氏梭状芽孢杆菌、丙酮丁酸梭状芽孢杆菌、双歧杆菌等。由于多数情况下氧分子的存在对其机体有害，所以培养专性厌氧微生物要排除环境中的氧，同时通过在培养基中添加还原剂的方式降低培养基的氧化还原电势；培养兼性厌氧或耐氧厌氧微生物，可以用深层静止培养的方式等。目前，根据物理、化学、生物或它们的综合的原理建立的各种厌氧微生物培养技术很多，如高层琼脂柱、烛罐法（图2-4）、厌氧培养罐、厌氧培养皿、亨盖特滚管技术、厌氧培养箱、厌氧手套箱等。有些操作十分复杂，对实验仪器也有较高的要求，如主要用于严格厌氧菌的分离和培养的厌氧手套箱等。而有些操作相对简单，可用于那些对厌氧要求相对较低的一般厌氧菌的培养，如碱性焦性没食子酸法和厌氧罐法，它们都属于最基本也是最常用的厌氧培养技术。

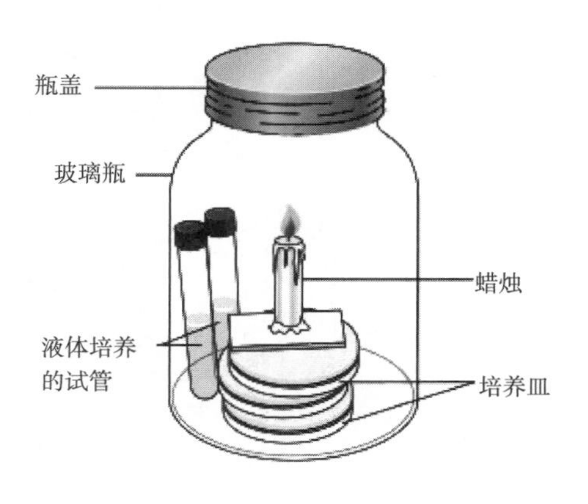


图2-4　烛罐法培养厌氧菌

1. 碱性焦性没食子酸法

焦性没食子酸（pyrogallic acid）本身是酸性，所谓碱性溶液是指碱（NaOH，$Na_2CO_3$或$NaHCO_3$）作为催化剂。焦性没食子酸与碱溶液作用后可形成极易被氧化的碱性没食子盐（alkaline pyrogallate），后者再通过氧化作用而形成黑、褐色的焦性没食子橙而除掉密封容器中的氧，从而迅速建立厌氧环境。这种方法操作简单，成本低，适于任何可密封的容器，便于在实验室常规操作。

2. 厌氧罐培养法

在密闭的无氧罐中的产气袋里装有固态的镁、氯化锌和碳酸氢钠，加入柠檬酸水后，可生成一定量的$H_2$和$CO_2$，这是因为镁与氯化锌遇水后发生反应产生$H_2$，而碳酸氢钠加柠檬酸（$C_6H_8O_7$）水后产生$CO_2$。经过处理的钯催化剂小球可催化氢与氧化合形成水，除掉罐中的氧而迅速造成厌氧环境。同时，形成的适量$CO_2$（2%～10%）对大多数的厌氧菌的生长有促进作用。

$$Mg+ZnCl_2+2H_2O \rightarrow MgCl_2+Zn(OH)_2+H_2\uparrow$$

$$C_6H_8O_7+3NaHCO_3 \rightarrow Na_3(C_6H_5O_7)+3H_2O+3CO_2\uparrow$$

当然，厌氧罐中$H_2$及$CO_2$的生成也可采用钢瓶灌注的外源法来完成。另外，厌氧罐中使用的厌氧度指示剂通常是根据亚甲基蓝在氧化态时呈蓝色，而在还原态时呈无色的原理设计的，使用起来也十分方便。图2-5显示了一般常用的厌氧培养罐的基本结构。

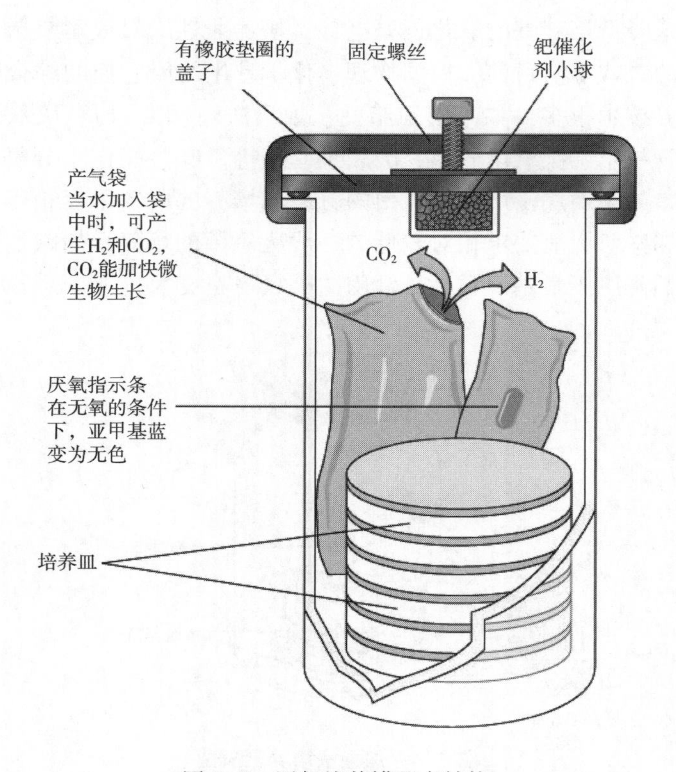


图2-5 厌氧培养罐基本结构

## 三、实验材料

1. 菌种

巴氏梭状芽孢杆菌（*Clostridum pasteurianum*）、荧光假单胞菌（*Pseudomonas fluores-*

cens）。

2. 培养基

牛肉膏蛋白胨琼脂培养平板。

3. 其他材料

100g/ L NaOH、灭菌的石蜡凡士林（1∶1）、焦性没食子酸、棉花、厌氧罐、催化剂、产气袋、厌氧指示袋、记号笔等。

## 四、 实验步骤

### （一）碱性焦性没食子酸法

取一块玻璃板或培养皿盖，洗净，干燥后灭菌，铺上一薄层灭菌脱脂棉或纱布，将1g焦性没食子酸放在其上。用牛肉膏蛋白胨琼脂培养基倒平板，待凝固稍干燥后，在培养平板上一半划线接种巴氏梭状芽孢杆菌，另一半划线接种荧光假单胞菌，并在皿底用记号笔做好标记。滴加100g/L NaOH溶液约2mL于焦性没食子酸上，切勿使溶液溢出棉花，立即将已接种的平板覆盖于培养皿盖上，必须将脱脂棉全部罩住，而焦性没食子酸反应物不能与培养基表面接触。以溶化的石蜡凡士林液密封皿与皿盖的接触处，置30℃培养，定期观察平板上菌种的生长状况并记录。

### （二）厌氧罐培养法

（1）在两个培养平板上均同时一半划线接种巴氏梭状芽孢杆菌，另一半接种荧光假单胞菌，并做好标记。取其中的一个平板置于厌氧罐的培养皿支架上，而后放入厌氧罐中，而另一个平板直接置30℃温室培养。

（2）将已活化的催化剂倒入厌氧罐罐盖下面的多孔催化剂盒内，旋紧。

（3）剪开气体发生袋的一角，将其置于罐内金属架的夹上，再向袋中加入约10mL水。同时，由另一同学配合，剪开指示剂袋，使指示条暴露（还原态为无色，氧化态为蓝色），立即放入罐中。

（4）迅速盖好厌氧罐罐盖，将固定梁旋紧，置30℃温室培养，观察并记录罐内情况变化及菌种生长情况。

## 五、 实验注意事项

1. 厌氧罐培养法必须在一切准备工作就绪后再往气体发生袋中注水，而加水后应迅速密闭厌氧罐，否则，产生的氢气过多地外泄，会导致罐内厌氧环境建立的失败。

2. 碱性焦性没食子酸法的焦性没食子酸对人体有毒，有可能通过皮肤吸收。同时，100g/L NaOH对皮肤有腐蚀作用。因此，实验操作时务必小心，要佩戴手套。

## 六、 实验报告

描述荧光假单胞菌和巴氏梭状芽孢杆菌在两种厌氧培养方法中的生长状况差异（表2-2），并分析其可能的原因。

表 2-2 实验结果记录表

| 培养菌种 | 碱性焦性没食子酸法 | 厌氧罐培养法 |
| --- | --- | --- |
| 巴氏梭状芽孢杆菌 | | |
| 荧光假单胞菌 | | |

## 思考题

1. 在厌氧培养巴氏梭状芽孢杆菌时，为何选用荧光假单胞菌作为对照？

2. 烛罐法是一种简易、操作便捷且价格低廉的培养厌氧菌的有效方法，简述其培养技术及原理。

3. 钯催化剂小球可以反复使用吗？如果可以，使用过的钯催化剂小球在下次使用前该如何处理？

4. 如果在碱性焦性没食子酸法的实验中荧光假单胞菌生长，而巴氏梭状芽孢杆菌不生长，请分析其原因。

# 实验五　病毒的培养

## 一、 实验目的

1. 了解病毒鸡胚培养的意义及用途。

2. 初步掌握病毒鸡胚培养的基本方法。

## 二、 实验原理

病毒的培养需要寄主或活的细胞。目前，鸡胚培养是培养某些病毒最常用的方法，可用于某些病毒的分离、增殖、毒力滴定、中和试验及生产疫苗等。相比于动物接种病毒的培养，鸡胚来源充足，操作简单，价格低廉且容易控制，通常无菌，对接种的病毒不产生抗体，优势明显，非常适合实验室研究病毒的培养。病毒感染鸡胚后会出现不同程度的病变症状，如痘苗病毒接种鸡胚绒毛尿囊膜，经培养后产生肉眼可见的白色痘疮样病灶（MDCK）后呈现细胞变圆、收缩脱壁等致细胞病变现象（cytopathic effect，CPE）。在实验条件下，病变的严重程度与病毒的毒力相关，因此，观察鸡胚的病变程度可评估病毒的感染及增殖情况。病毒接种鸡胚的途径有多种，主要有卵黄囊接种、尿囊腔接种、绒毛尿囊膜接种、羊膜腔接种途径等，应根据需要选择适当的途径。本实验主要介绍病毒鸡胚的尿囊腔接种和羊膜腔接种技术。尿囊腔接种广泛应用于流感病毒、鸡新城疫病毒、流行性腮腺炎病毒的适应与传代，而羊膜腔接种主要用于临床材料分离病毒等。

## 三、 实验材料

1. 病毒

鸡新城疫病毒（newcastle disease virus）。

2. 其他材料

2.5%碘酒、70%乙醇、孵卵箱、检卵灯、钢针、蛋座木架、注射器、镊子、剪刀、封蜡、无菌试管和9~10日龄的良好鸡胚等。

## 四、 实验步骤

1. 羊膜腔病毒接种步骤

（1）将孵育9~10d的鸡胚照视，标出气室、胚胎的位置，并在胚胎最靠近卵壳的一侧做记号（图2-6）。

（2）碘酒消毒气室部位的蛋壳，用齿钻在气室顶端钻出一个长10mm，宽6mm的长方形裂痕，注意勿划破壳膜。

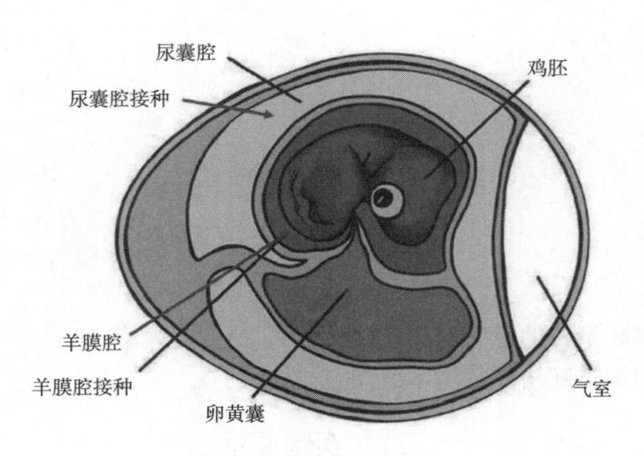


图 2-6 病毒鸡胚的接种

（3）再次消毒钻孔区域，用灭菌镊子揭去长方形的蛋壳和壳膜，并滴加灭菌液体石蜡一滴于下层壳膜上，使其透明，将鸡胚放在检卵灯上，以便观察胚胎的位置。

（4）用灭菌尖头镊子，将两页并拢，刺穿下层壳膜和绒毛尿囊膜没有血管的地方，并夹住羊膜从刚才穿孔处拉出来。

（5）用另一把无齿镊子夹住拉出的羊膜后，将注射器刺入羊膜腔内，注入 0.1～0.2mL 鸡新城疫病毒液。此时注意针头最好用无斜削尖端的钝头，以免刺伤胚胎 。

（6）拔出针头，孔区消毒后，将沾有碘液且经过火焰的小块胶布封闭于卵壳的小窗上，并在 35～37℃孵卵箱内孵育 48～72h 后观察结果，保持鸡胚的钝端朝上。

（7）收获羊水

①用碘酒消毒气室处的卵壳，并用灭菌剪刀除去气室的卵壳。翻开壳膜和尿囊膜。

②吸出尿囊液后，用镊子夹住羊膜，以尖头毛细血管插入羊膜腔，吸出羊水。

③将羊水放入无菌试管内，每鸡胚可吸 0.5～1.0mL。经无菌试验合格后，保存于-20℃以下低温中，并观察和记录鸡胚的症状。

2. 尿囊腔病毒接种步骤

（1）将孵育 9～10d 的鸡胚在检卵灯上照视，用记号笔画出气室的底边与胚胎位置，并在无大血管处标出尿囊腔接种的部位（图 2-6）。

（2）将气室向上放置鸡胚于蛋座木架上。用碘酒消毒气室蛋壳，并用钢针在记号处（距离气室底边约 0.5cm 处）钻小孔，此时注意控制力度，不要伤及壳膜。

（3）用带 18mm 长针头的 1mL 注射器吸取鸡新城疫病毒液，针头垂直刺入孔内到达尿囊腔，注入 0.1～0.2mL 的病毒液。

（4）用熔好的石蜡封住注射小孔后，气室朝上于 36℃孵卵器孵育，每天检卵 1～2 次，72h 观察结果。

（5）收获尿囊液

①将 36℃孵育 72h 的鸡胚放在冰箱内冷冻半日或一夜，使血管收缩，以便得到无胎血的纯尿囊液。

②取出冷冻的鸡胚，用碘酒消毒气室处的卵壳后，用灭菌剪刀除去气室的卵壳。切开绒毛尿囊膜，翻开到卵壳边上。

③将鸡卵倾向一侧，用灭菌吸管吸出尿囊液，一个鸡胚可收获 6~8mL 尿囊液，收获的尿囊液暂存于 4℃冰箱，经无菌试验合格后于-20℃长期贮存。

④观察鸡胚，记录病理症状。

## 五、 实验注意事项

1. 收获尿囊液时勿损伤血管，否则病毒会吸附在红细胞上，使病毒滴度显著下降。

2. 鸡胚接种病毒的操作过程及使用器械应严格无菌，尽可能在超净工作台上进行。

3. 实验中涉及病毒材料，整个操作过程要规范，实验结束手部消毒后方可离开实验室。

## 六、 实验报告

描述鸡新城疫病毒接种鸡胚的 2 个培养部位后，鸡胚所出现的病理变化。

### 思考题

1. 本实验所用的鸡新城疫病毒，除能在鸡胚中进行培养外，还能用哪些方法进行培养？试比较它们的优缺点。

2. 给鸡胚接种病毒时，需要注意哪些细节？为什么？

3. 接种了鸡新城疫病毒的鸡胚为何都是在 36℃孵育，如果在 40℃孵育是否可行？为什么？

第三章 CHAPTER 3

# 微生物的染色技术

由于微生物细胞含有大量水分，对光线的吸收和反射与水溶液的差别很小，与周围背景没有明显的阴暗差。所以，除了观察活体微生物细胞的运动性和直接计算菌落数外，绝大多数情况下都必须经过染色后，才能在显微镜下进行观察。但是，任何一项技术都不是完美无缺的。染色后的微生物标本是死的，在染色过程中微生物的形态与结构均会发生一些变化，不能完全代表其活细胞的真实情况，染色观察时必须注意。

## 实验六　细菌、酵母菌与霉菌的制片和简单染色

### 一、 实验目的

1. 学习微生物涂片、染色的基本技术，掌握细菌的简单染色方法及无菌操作技术。
2. 观察酵母菌的细胞形态及出芽生殖方式。
3. 掌握观察霉菌形态的基本方法，并描述其形态特征。
4. 巩固显微镜的使用方法。

### 二、 实验原理

所谓单染色法是利用单一染料对细菌进行染色的一种方法。此法操作简便，适用于菌体一般形态的观察。

在中性、碱性或弱酸性溶液中，细菌细胞通常带负电荷，所以常用碱性染料进行染色。碱性染料并不是碱，和其他染料一样是一种盐，电离时染料离子带正电，易与带负电荷的细菌结合而使细菌着色。例如，美蓝（亚甲基蓝）实际上是氯化亚甲基蓝盐（methylene blue chloride，MBC），它可被电离成正、负离子，带正电荷的染料离子可使细菌细胞染成蓝色。常用的碱性染料除美蓝外，还有结晶紫（crystal violet）、碱性复红

(basic fuchsin)、番红（又称沙黄，safranine）等。

细菌体积小，较透明，如未经染色常不易识别，而经着色后，与背景形成鲜明的对比，使细菌易于在显微镜下观察。

酵母菌是多形不运动的单细胞微生物，菌体比细菌大。本实验通过用美蓝染色制成水浸片，和水-碘水浸片来观察生活的酵母形态和出芽生殖方式。美蓝是一种无毒性染料，它的氧化型是蓝色的，而还原型是无色的，用它来对酵母的活细胞进行染色，由于细胞中新陈代谢的作用，使细胞内具有较强的还原能力，能使美蓝从蓝色的氧化型变为无色的还原型，所以酵母的活细胞无色，而对于死细胞或代谢缓慢的老细胞，则因它们无此还原能力或还原能力极弱，而被美蓝染成蓝色或淡蓝色。因此，用美蓝水浸片不仅可观察酵母的形态，还可以区分死细胞、活细胞。但美蓝的浓度、作用时间等均有影响，应加注意。

霉菌制标本时常用乳酸石炭酸棉蓝染色液。其特点是：①细胞不变形；②具有杀菌防腐作用，且不易干燥，能保持较长时间；③溶液本身呈蓝色，有一定染色效果。为了得到清晰、完整、保持自然状态的霉菌形态，常利用玻璃纸透析培养法进行观察。此法是利用玻璃纸的半透膜特性及透光性，将霉菌生长在覆盖于琼脂培养基表面的玻璃纸上，然后将长菌的玻璃纸剪取一小片，贴放在载玻片上用显微镜观察。

## 三、 实验材料

1. 菌种

巨大芽孢杆菌（*Bacillus megaterium*）、酿酒酵母（*Saccharomyces cerevisiae*）、根霉菌（*Rhizopus* sp.）。

2. 染色液和培养基

0.05%吕氏碱性美蓝染色液、乳酸石炭酸棉蓝染色液、石炭酸复红染色液、马铃薯培养基平板。

3. 其他材料

普通光学显微镜、酒精灯、载玻片、盖玻片、接种环、双层瓶、擦镜纸、生理盐水、20%甘油、玻璃纸等。

## 四、 实验步骤

### （一）细菌制片及简单染色

1. 涂片

取一块干净的载玻片，滴一小滴无菌蒸馏水于载玻片中央，用无菌操作，挑取巨大芽孢杆菌于载玻片的水滴中，调匀并涂成薄膜。注意滴无菌蒸馏水时不宜过多，涂片必须均匀。

2. 干燥

于室温中自然干燥。

3. 固定

涂片面向上，于火焰上通过2~3次，使细胞质凝固，以固定细菌的形态，并使其不易脱落。但不能在火焰上烤，否则细菌形态将毁坏。

4. 染色

放标本于水平位置，滴加染色液于涂片薄膜上，染色时间长短随不同染色液而定。吕氏碱性美蓝染色液染2~3min，石炭酸复红染色液染1~2min。

5. 水洗

染色时间到后，用自来水冲洗，直至冲下的水无色时为止。注意冲洗水流不宜过急、过大，水由玻片上端流下，避免直接冲在涂片处。冲洗后，将标本晾干或用吹风机吹干，待完全干燥后才可置油镜下观察。

6. 镜检

先用低倍镜观察，再用高倍镜观察，并找出适当视野后，将高倍镜转出，在涂片上滴加一滴香柏油，将油镜镜头浸入油滴中仔细调焦并观察菌体形态。

### （二）酵母菌制片及形态观察

1. 美蓝浸片观察

（1）在载玻片中央加一滴0.1%吕氏碱性美蓝染液，液滴不可过多或过少，以免盖上盖玻片时，溢出或留有气泡。然后按无菌操作法取在豆芽汁琼脂斜面上培养48h的酿酒酵母少许，放在吕氏碱性美蓝染液中，使菌体与染液均匀混合。

（2）用镊子夹盖玻片一块，小心地盖在液滴上。盖片时应注意，不能将盖玻片平放下去，应先将盖玻片的一边与液滴接触，然后将整个盖玻片慢慢放下，这样可以避免产生气泡。

（3）将制好的水浸片放置3min后镜检。先用低倍镜观察，然后换用高倍镜观察酿酒酵母的形态和出芽情况，同时可以根据是否染上颜色来区别死细胞、活细胞。

（4）染色0.5h后，再观察一下死细胞数是否增加。

（5）用0.05%吕氏碱性美蓝染液重复上述的操作。

2. 水-碘浸片观察

在载玻片中央滴一滴革兰氏染色用的碘液，然后再在其上加三滴水，取酿酒酵母少许，放在水-碘液滴中，使菌体与溶液混匀，盖上盖玻片后镜检。

### （三）霉菌的形态观察

1. 一般观察法

于洁净载玻片上，滴一滴乳酸石炭酸棉蓝染色液，用解剖针从霉菌菌落的边缘处取少量带有孢子的菌丝置染色液中，再细心地将菌丝挑散开，然后小心地盖上盖玻片，注意不要产生气泡。置显微镜下先用低倍镜观察，必要时再换高倍镜。

2. 载玻片观察法

（1）将略小于培养皿底内径的滤纸放入皿内，再放上U形玻棒，其上放一洁净的载玻片，然后将两个盖玻片分别斜立在载玻片的两端，盖上皿盖，把数套（根据需要而定）如此装置的培养皿叠起，包扎好，用1.05kg/cm$^2$，121.3℃灭菌20min或干热灭菌，备用。

（2）将6~7mL灭菌的马铃薯葡萄糖培养基倒入直径为9cm的灭菌平皿中，待凝固后，用无菌解剖刀切成0.5~1$cm^3$的琼脂块，用刀尖铲起琼脂块放在已灭菌的培养皿内的载玻片上，每片上放置2块。

（3）用灭菌的尖细接种针或装有柄的缝衣针，取（肉眼方能看见的）一点霉菌孢子，轻轻点在琼脂块的边缘上，用无菌镊子夹着立在载玻片旁的盖玻片盖在琼脂块上，再盖上皿盖。

（4）在培养皿的滤纸上，加无菌的20%甘油数毫升，至滤纸湿润即可停加。将培养皿置28℃培养一定时间后，取出载玻片置显微镜下观察。

3. 玻璃纸透析培养观察法

（1）向霉菌斜面试管中加入5mL无菌水，洗下孢子，制成孢子悬液。

（2）用无菌镊子将已灭菌的、直径与培养皿相同的圆形玻璃纸覆盖于查氏培养基平板上。

（3）用1mL无菌吸管吸取0.2mL孢子悬液于上述玻璃纸平板上，并用无菌玻璃刮棒涂抹均匀。

（4）置28℃温室培养48h后，取出培养皿，打开皿盖，用镊子将玻璃纸与培养基分开，再用剪刀剪取一小片玻璃纸置载玻片上，滴上乳酸石炭酸棉蓝溶液，盖上盖玻片，用低倍镜或高倍镜进行镜检观察并绘图。

## 五、实验注意事项

1. 肥大芽孢杆菌培养时间以12~16h为宜，否则因菌体产生芽孢而使菌体形态不标准。
2. 酵母菌制片时勿挤压过度，使菌体变形。
3. 根霉菌制片时菌体不宜过少，否则难以观察到霉菌的完整形态。

## 六、实验报告

1. 绘出所观察到的经简单染色的两种细菌形态图。
2. 绘制所观察到的酵母菌的形态特征图。
3. 绘制所观察到的霉菌形态特征图。

### 思考题

1. 根据实验体会，你认为制备染色标本时，应注意哪些事项？
2. 制片为什么要完全干燥后才能用油镜观察？
3. 比较细菌、酵母菌和霉菌在形态上的差异。
4. 玻璃纸应怎样进行灭菌？为什么？

# 实验七　革兰氏染色法

## 一、实验目的

了解革兰氏染色的原理，学习并掌握革兰氏染色的方法。

## 二、实验原理

革兰氏染色反应是细菌分类和鉴定的重要性状。革兰氏染色法是由丹麦医师汉斯·克里斯蒂安·革兰（Hans Christian Gram，1853—1938年）于1884年所发明。革兰氏染色法（Gram stain）不仅能观察到细菌的形态，而且还可将所有细菌区分为两大类：染色反应呈蓝紫色的称为革兰氏阳性细菌，用 $G^+$ 表示；染色反应呈红色（复染颜色）的称为革兰氏阴性细菌，用 $G^-$ 表示。细菌对于革兰氏染色的不同反应，是由于它们细胞壁的成分和结构不同而造成的。革兰氏阳性细菌的细胞壁主要是由肽聚糖形成的网状结构组成的，在染色过程中，当用乙醇处理时，由于脱水而引起网状结构中的孔径变小，通透性降低，使结晶紫-碘复合物被保留在细胞内而不易脱色，因此，呈现蓝紫色；革兰氏阴性细菌的细胞壁中肽聚糖含量低，而脂类物质含量高，当用乙醇处理时，脂类物质溶解，细胞壁的通透性增加，使结晶紫-碘复合物易被乙醇抽出而脱色，然后又被染上了复染液（番红）的颜色，因此呈现红色。

革兰氏染色需用四种不同的溶液：碱性染料（basic dye）初染液、媒染剂（mordant）、脱色剂（decolorising agent）和复染液（counterstain）。碱性染料初染液的作用像在细菌的简单染色法基本原理中所述的那样，而用于革兰氏染色的初染液一般是结晶紫（crystal violet）。媒染剂的作用是增加染料和细胞之间的亲和性或附着力，即以某种方式帮助染料固定在细胞上，使之不易脱落，碘（iodine）是常用的媒染剂。脱色剂是将被染色的细胞进行脱色，不同类型的细胞脱色反应不同，有的能被脱色，有的则不能，脱色剂常用95%的乙醇。复染液也是一种碱性染料，其颜色不同于初染液，复染的目的是使被脱色的细胞染上不同于初染液的颜色，而未被脱色的细胞仍然保持初染的颜色，从而将细胞区分成 $G^+$ 和 $G^-$ 两大类群，常用的复染液是番红。

## 三、实验材料

1. 菌种

大肠杆菌、枯草芽孢杆菌或金黄色葡萄球菌。

2. 其他材料

革兰氏染色液、载玻片、显微镜等。

## 四、 实验步骤

1. 涂片

将培养 14～16h 的枯草芽孢杆菌和培养 24h 的大肠杆菌分别作涂片（注意涂片切不可过于浓厚），干燥、固定。固定时通过火焰 1～2 次即可，不可过热，以载玻片不烫手为宜。

2. 染色

染色程序如图 3-1 所示。

（1）初染　加草酸铵结晶紫一滴，约 1min，水洗。

（2）媒染　滴加碘液冲去残水，并覆盖约 1min，水洗。

（3）脱色　将载玻片上面的水甩净，并衬以白背景，用 95%乙醇滴洗至流出乙醇刚刚不出现紫色时为止，20～30s，立即用水冲净乙醇。

（4）复染　用番红液染 1～2min，水洗。

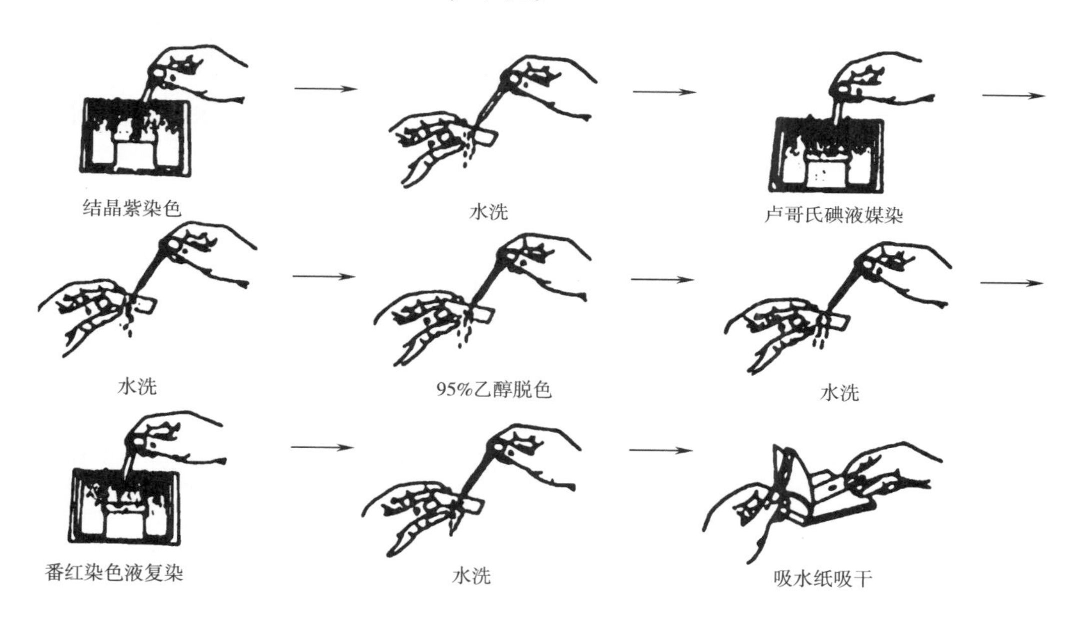


图 3-1　细菌的革兰氏染色程序（引自陈雯莉等，2021）

3. 镜检

玻片染色水洗干燥后，于低倍镜观察视野，油镜观察。革兰氏阴性菌呈红色，革兰氏阳性菌呈紫色。以分散开的细菌的革兰氏染色反应为准，过于密集的细菌，常常呈假阳性。

4. 染色对比

同法在一载玻片上以大肠杆菌与枯草芽孢杆菌混合制片，作革兰氏染色对比。

## 五、 实验注意事项

1. 革兰氏染色成功的关键是乙醇脱色。脱色过度，阳性菌也可被脱色而被判断成阴性菌；脱色不够，阴性菌会被误判为阳性菌。脱色时间的长短还受涂片厚薄及乙醇用量影响，难以严格限定。

2. 染色过程中勿使染色液干涸，用水冲洗后，应及时吸去载玻片上的残水，以免染色液被稀释而影响染色效果。

3. 所用菌种菌龄要适宜。枯草芽孢杆菌培养时间为12~16h，大肠杆菌24h。菌龄太老，因菌体死亡或自溶会使阳性菌呈阴性反应。

## 六、 实验报告

记录革兰氏染色制片中，大肠杆菌和枯草芽孢杆菌各染成什么颜色，并判断它们是革兰氏阴性菌还是革兰氏阳性菌。

### 思考题

1. 作革兰氏染色涂片为什么不能过于浓厚？其染色成败的关键一步是什么？

2. 当对一株未知菌进行革兰氏染色时，怎样能保证染色技术操作正确，结果可靠？

# 实验八 细菌的芽孢染色法

## 一、 实验目的

学习并掌握芽孢染色方法，初步了解芽孢杆菌的形态特征。

## 二、 实验原理

芽孢染色法是利用细菌的芽孢和菌体对染料的亲合力不同的原理，用不同染料进行着色，使芽孢和菌体呈不同的颜色而便于区别。芽孢壁厚、透性低，着色、脱色均较困难，因此，当先用一弱碱性染料，如孔雀绿（malachite green）或碱性品红（basic fuchsin）在加热条件下进行染色时，此染料不仅可以进入菌体，而且也可以进入芽孢，进入菌体的染料可经水洗脱色，而进入芽孢的染料则难以透出，若再用复染液（如番红液）或衬托溶液（如黑色素溶液）处理，则菌体和芽孢易于区分。

## 三、 实验材料

1. 菌种

枯草芽孢杆菌（*Bacillus subtilis*）、蜡状芽孢杆菌（*Bacillus cereus*）、生孢梭菌（*Clostridium sporogenes*）。

2. 染色液

孔雀绿染液、番红水溶液、苯酚品红溶液、黑色素溶液等。

## 四、 实验步骤

1. 染色方法 1

（1）将培养 24h 左右的枯草芽孢杆菌或其他芽孢杆菌作涂片、干燥、固定。

（2）滴加 3~5 滴孔雀绿染液于已固定的涂片上。

（3）用木夹夹住载玻片在火焰上加热，使染液冒蒸汽但勿沸腾，切忌使染液蒸干，必要时可添加少许染液。加热时间从染液冒蒸汽时开始计算 4~5min。这一步也可不加热，改用饱和的孔雀绿水溶液（约 7.6%）染 10min。

（4）倾去染液，待玻片冷却后水洗至孔雀绿不再褪色为止。

（5）用番红水溶液复染 1min，水洗。

（6）待干燥后，置油镜观察，芽孢呈绿色，菌体呈红色。

2. 染色方法 2

（1）取两支洁净的小试管，分别加入 0.2mL 无菌水，再往一管中加入 1~2 接种环的蜡状芽孢杆菌的菌苔，另一管中加入 1~2 接种环的生孢梭菌的菌苔，两管各自充分混合成浓厚的菌悬液。

(2) 在菌悬液中分别加入 0.2mL 苯酚品红溶液，充分混合后，于沸水浴中加热 3~5min。

(3) 用接种环分别取上述混合液 2~3 环于两片载玻片上，涂薄，风干后，将载玻片稍倾斜于烧杯上，用 95%乙醇冲洗至无红色液体流出。

(4) 再用自来水冲洗，滤纸吸干。

(5) 取 1~2 接种环黑色素溶液于涂片处，立即展开涂薄，自然干燥后，油镜观察，在淡紫灰色背景的衬托下，菌体为白色，菌体内的芽孢为红色。

## 五、 实验注意事项

1. 所用菌种应控制菌龄。
2. 欲得到好的涂片，需要首先制备浓稠的菌液，其次在吸取菌液时应先用接种环充分搅拌，然后再挑取菌液，否则菌体会沉到管底，涂片时菌体太少。

## 六、 实验报告

绘制你观察到的芽孢形态图。

思考题

可以用复红替代孔雀绿染芽孢吗？结果如何？

# 实验九　细菌的鞭毛染色法

## 一、实验目的

学习并掌握细菌鞭毛染色的基本方法及观察细菌鞭毛的着生情况。

## 二、实验原理

鞭毛是细菌的运动“器官”，一般细菌的鞭毛都非常纤细，其直径为0.01~0.02μm，在普通光学显微镜的分辨力限度以外，故需要用特殊的鞭毛染色法，才能看到。鞭毛染色是借媒染剂和染色剂的沉淀作用，使染料堆积在鞭毛上，以加粗鞭毛的直径，同时使鞭毛着色，在普通光学显微镜下能够看到。

在显微镜下观察细菌的运动性，也可以初步判断细菌是否有鞭毛。通常使用压滴法或悬滴法观察细菌的运动性。观察时，要适当减弱光线，增加反差，如果光线很强，细菌和周围的液体就难以辨别。

## 三、实验材料

1. 菌种

苏云金芽孢杆菌（*Bacillus thuringiensis*）、假单胞菌（*Pseudomonas* sp.）、金黄色葡萄球菌（*Staphylococcus aureus*）。

2. 染色液和其他材料

鞭毛银染染色液（A液和B液）、0.01%的美蓝水溶液、凡士林、无菌水、载玻片、凹玻片、盖玻片等。

## 四、实验步骤

1. 接种

菌种以新培养的菌种为宜，如所用菌种已长期未移种，则用新制备的斜面连续移种2~3次后再使用。最好是将经活化的菌种接种到新制备的琼脂斜面或半固体培养基平皿上，培养10h左右，备用。

2. 制片

在载玻片的一端滴一滴蒸馏水，用接种环挑取少许备用的菌苔，最好从菌落的边缘取菌苔，注意不要挑上培养基，在载玻片的水滴中轻沾几下。将载玻片稍倾斜，使菌液随水滴缓慢流到另一端，然后平放在空气中干燥。

3. 银染

涂片干燥后滴加鞭毛染色液A液（单宁酸5g，$FeCl_3$ 1.5g，蒸馏水100mL，15%福尔马林 2.0mL，10g/L NaOH 1.0mL）染 3~5min，用蒸馏水冲洗，或将残水沥干或用 B 液（$AgNO_3$ 2g，蒸馏水 100mL）冲去残水（注意：一定要充分洗净 A 液后再加 B 液，否则背景很脏）。洗净 A 液滴加 B 液后，将玻片在酒精灯上稍加热，使其微冒蒸汽且不干，一般染 30~60s。然后用蒸馏水冲洗，自然干燥。

4. 镜检

镜检时，如未见鞭毛，应在整个涂片上多找几个视野，有时只在部分涂片上染出鞭毛。菌体为深褐色，鞭毛为褐色。

细菌鞭毛染色要非常小心细致，染色成功的关键主要决定于：①菌种活化的情况，即要连续移种几次；②菌龄要合适，一般在幼龄时鞭毛情况最好，易于染色；③使用新鲜的染色液；④载玻片要求干净无油污。

鞭毛染色所用载玻片的清洗方法如下：选择光滑无伤痕的玻片。先用洗衣粉煮沸，洗衣粉最好在洗玻片前加蒸馏水煮沸，用滤纸过滤去渣。为了避免玻片彼此磨损，最好把载玻片放在特制的架上煮，煮毕稍冷却后取出，用清水洗净，再放入浓洗液中浸泡 24h 左右，取出用清水冲洗残酸，最后用蒸馏水洗净，沥干水并放于 95%乙醇中脱水，取出玻片，用火焰烧去乙醇，立即使用。如不立刻使用，可存放于干净的盒中或 50%乙醇中短期存放。由于空气中常常漂浮油污，最好立即使用。在洗净的玻片上滴上水滴后应能均匀散开。

## 五、 实验注意事项

1. 银染法染色液需现配现用，不能存放。
2. 细菌鞭毛极细，很易脱落，在整个操作过程中，需要细致操作。
3. 染色所用载玻片需干净无污物。

## 六、 实验报告

观察到的三种菌是否都有鞭毛？绘图表示观察到的细菌鞭毛着生情况。

### 思考题

1. 观察到的三种菌是否都具有运动性？为什么？

2. 没有鞭毛的活细菌在光学显微镜下完全不动吗？真实地记录观察到的现象，并进行解释。

# 第四章 常规培养基的制备

培养基是在实验条件下为微生物的生长繁殖提供营养的基质。尽管不同种类的微生物所需的生长环境及营养条件各不相同，但一般都需要水分、碳源、氮源、能源、无机盐及生长因子六大类，因此，不同种类的培养基几乎都含有上述六种营养成分。除此之外，培养基还应该考虑一定的 pH、特殊的营养物质及含氧量，以满足微生物的生长需求。

培养基有许多种类，若按照物理性质来分，有固体培养基、半固体培养基及液体培养基。固体培养基和半固体培养基是在液体培养基中加入不同含量的凝固剂制成。琼脂是实验室常用的凝固剂，其熔点在96℃以上，凝固点在42℃以下。琼脂是从海藻中提取出来的多糖类物质，在培养基中起到凝固的作用，一般不被微生物利用。若按照培养基的用途来分，有基础培养基、加富培养基、选择培养基及鉴别培养基。若按照营养物质来源来分，可分为天然培养基、半合成培养基及合成培养基。

在实验室培养微生物时，除需考虑微生物的营养条件外，还应该保证培养基的无菌性，否则会受到其他微生物的污染，因此，配制的培养基需要经过灭菌后才可以使用。

## 实验十　牛肉膏蛋白胨培养基的制备

### 一、 实验目的

掌握牛肉膏蛋白胨培养基配制的方法。

### 二、 实验原理

牛肉膏蛋白胨培养基是培养细菌常用的培养基，含有细菌生存所需要的最基本营养物质，其中牛肉膏和蛋白胨为微生物的生长提供碳源、氮源及多种维生素，而 NaCl 提供无机盐。

## 三、 实验材料

1. 原料和试剂

牛肉膏、蛋白胨、NaCl、琼脂、1mol/L NaOH、1mol/L HCl。

2. 其他材料和设备

烧杯、三角锥形瓶、试管、玻璃棒、量筒、漏斗、乳胶管、弹簧夹、纱布、牛皮纸、棉绳、棉花、pH 试纸、铁架台、电炉、天平、高压蒸汽灭菌锅。

## 四、 实验步骤

1. 计算

如表 4-1 所示，按照牛肉膏蛋白胨液体培养基的配方，根据实验的需求量计算每种原料和试剂的用量，若配制的是固体培养基，还需加入 1.5%~2%琼脂。

表 4-1 1000mL 牛肉膏蛋白胨液体培养基的配方

| 牛肉膏 | 3g |
|---|---|
| 蛋白胨 | 10g |
| NaCl | 5g |
| 自来水 | 1000mL |
| pH | 7.2~7.4 |

2. 称量

按照计算结果，依次准确称量牛肉膏、蛋白胨、NaCl。牛肉膏比较黏稠，可用玻璃棒挑取，而蛋白胨易吸潮，应快速称量。在称量过程中，称量不同试剂时，应将药匙擦干净，以防药品混杂，同时不要盖错瓶盖。

3. 溶化

在烧杯中加入少许自来水，依次加入称量的试剂。将烧杯置于石棉网上，用文火进行加热，其间用玻璃棒进行搅拌，直至试剂溶解。将烧杯中已溶解的试剂倒入适宜量程的量筒中，并用适量水洗烧杯 2~3 次，也倒入量筒中，最后补充一定量的水，进行定容。

4. 调 pH

先用 pH 试纸测量配制好的培养基的初始 pH。一般而言，刚配制好的牛肉膏蛋白胨培养基呈微酸性，需要用 1mol/L NaOH 进行调节，在调节的过程中，为了防止 pH 调过头，需要边加边搅拌，并随时用 pH 试纸监测培养基的 pH，直至 pH 达到 7.4 为止。若 pH 超过 7.4，可用 1mol/L HCl 进行回调。

5. 过滤

趁热将配制好的培养基经过 4 层纱布过滤，以配制出清澈明亮的培养基。液体培养基若无特殊要求，可省略此步。

6. 分装

（1）培养基分装到试管　按照图 4-1 安装培养基分装装置，并将配制好的培养基分装入试管中。分装时，左手并排拿数支试管，右手控制弹簧夹，使培养基依次流入试管中。

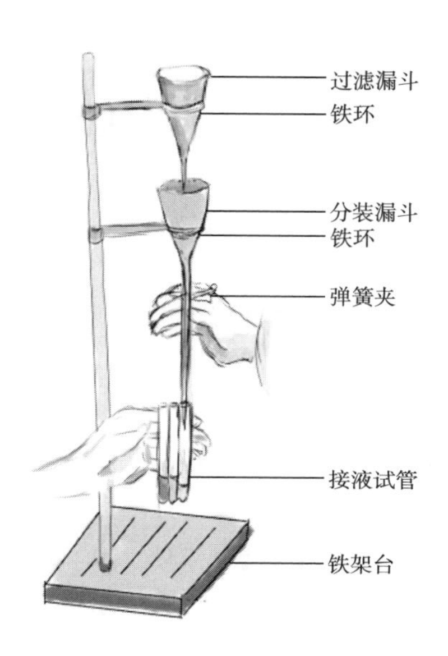


图 4-1　培养基分装装置

若试管中所需的培养基是液体，则通过培养基分装装置直接将液体培养基分装到试管中，每支试管中的培养基量占试管高度的 1/4 为宜。

若试管中所需的培养基是固体，如配制斜面培养基，则需要先加入 1.5%～2%的琼脂，并在电炉上加热培养基，直至琼脂完全溶化，并趁热通过培养基分装装置将固体培养基分到试管中，每支试管中的培养基量约占试管高度的 1/5 为宜，此过程动作需要迅速，否则培养基易凝固。分装时尽量不要使培养基沾到试管口，以防沾到棉塞上易出现染菌现象。

（2）培养基分装到三角瓶　若三角瓶中所需的培养基是液体，则直接量取一定量的液体培养基到三角瓶中即可，一般加入量以不超过三角瓶体积的 1/3 为宜。若三角瓶中所需的培养基是固体，则需要加入 1.5%～2%的琼脂，此时琼脂的溶化与培养基的灭菌同时进行。

7. 加塞

培养基分装完成后需要在三角瓶瓶口或试管口加入棉塞。棉塞的制作方法如图 4-2 所示。

8. 包扎

在三角瓶的棉塞外覆盖一层牛皮纸或者两层报纸，用棉绳以活绳的形式包扎好。试

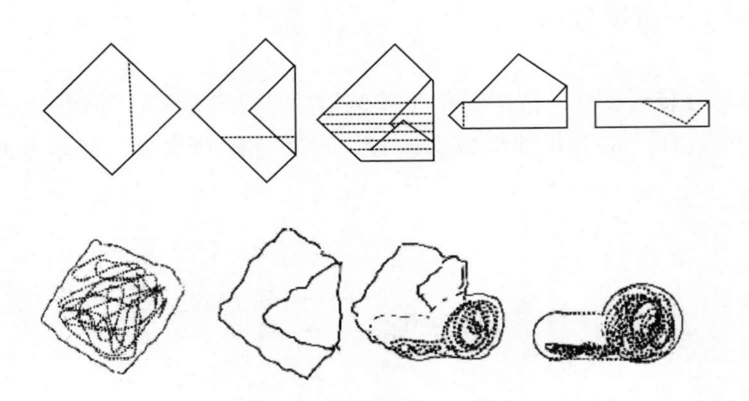

图 4-2　棉塞的制作方法

管则需先用棉绳捆好，再在外面包牛皮纸或报纸。用记号笔标注培养基的名称、组别、配制日期等。

9. 灭菌

将物品放入灭菌锅内，于 121℃ 条件下灭菌 20min。

10. 搁置斜面

灭菌完成后，待试管中的固体培养基冷却至 50～60℃（以防斜面上冷凝水过多），将试管口端搁置在玻璃棒或木棒上，如图 4-3 所示，形成的斜面长度以不超过试管总长的一半为宜。

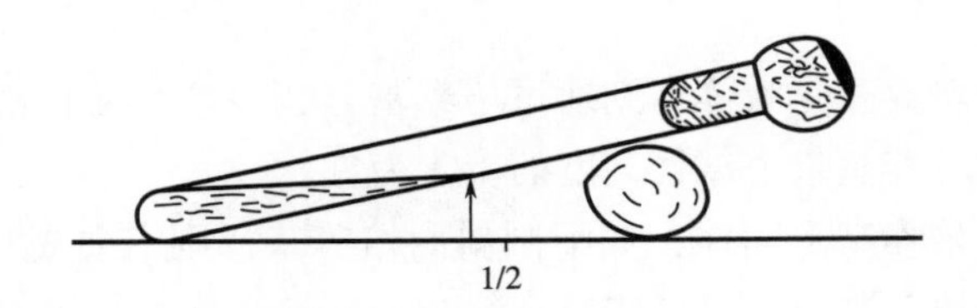


图 4-3　试管搁置斜面

11. 无菌检查及储藏

将灭菌后的培养基放入 37℃ 的恒温培养箱中培养 24～48h，以检查灭菌效果。若无菌落产生，则证实培养基已彻底灭菌。若暂时不使用培养，则需要放入 4℃ 环境中储藏备用。

## 五、实验注意事项

1. 称取蛋白胨时，动作要迅速，以防蛋白胨吸潮。

2. 调 pH 时，1mol/L NaOH 需少量加入，以防 pH 超过 7.4 后回调时影响培养基内各离子的浓度。在配制 pH 要求较为精确的培养基时，应使用酸度计进行 pH 的测定。

3. 在溶化琼脂时，应用文火，以防培养基因沸腾溢出。若不慎溢出，需重新配制。

## 六、 实验报告

1. 记录配制的培养基是否彻底灭菌。
2. 记录制作的斜面培养基是否符合规范。
3. 记录制作的试管塞子是否有脱落，若有脱落，试分析原因。

### 思考题

在制作斜面培养基时，为什么需先溶化琼脂再分装，而不先灭菌再分装？

# 实验十一 高氏一号培养基的制备

## 一、 实验目的

掌握高氏一号培养基配制的方法。

## 二、 实验原理

高氏一号培养基是培养放线菌常用的培养基，其中可溶性淀粉作为碳源，$KNO_3$是氮源，而 NaCl、$K_2HPO_4$、$MgSO_4 \cdot 7H_2O$ 及 $FeSO_4 \cdot 7H_2O$ 作为无机盐，为放线菌的生长提供钠、钾、磷、镁、硫等无机元素。

## 三、 实验材料

1. 原料和试剂

可溶性淀粉、$KNO_3$、NaCl、$K_2HPO_4$、$MgSO_4 \cdot 7H_2O$、$FeSO_4 \cdot 7H_2O$、琼脂、1mol/L NaOH、1mol/L HCl。

2. 其他材料和设备

烧杯、三角锥形瓶、试管、玻璃棒、量筒、培养基分装器、牛皮纸、棉绳、pH 试纸、棉花、电炉、天平、高压蒸汽灭菌锅。

## 四、 实验步骤

1. 计算

如表 4-2 所示，按照高氏一号培养基的配方，根据实验的需求量计算每种原料和试剂的用量，若配制的是固体培养基，还需加入 1.5%~2%琼脂。

表 4-2 **1000mL 高氏一号培养基的配方**

| | |
|---|---|
| 可溶性淀粉 | 20g |
| $KNO_3$ | 1g |
| NaCl | 0.5g |
| $K_2HPO_4$ | 0.5g |
| $MgSO_4 \cdot 7H_2O$ | 0.5g |
| $FeSO_4 \cdot 7H_2O$ | 0.01g |
| 蒸馏水 | 1000mL |
| pH | 7.4~7.6 |

2. 称量

按照计算结果，准确称量药品。可溶性淀粉称量完成后可先放在一个小烧杯中，并用冷水调成糊状。

3. 溶化

在烧杯中加入少许蒸馏水，依次加入称量的药品。将烧杯置于石棉网上，用文火进行加热，其间用玻璃棒进行搅拌，待溶液沸腾后，少量分次加入可溶性淀粉，边加边搅拌，以防煳底，直到可溶性淀粉溶解。将称量好的其他药品依次加入烧杯中，待药品溶解后，补充水分，进行定容。

4. 调 pH

先用 pH 试纸测量配制好的培养基的初始 pH。根据 pH 要求，用 1mol/L NaOH 及 1mol/L HCl 对 pH 进行调节。

5. 分装、加塞、包扎

根据需要，按照实验十的方式对培养基进行分装、加塞、包扎。

6. 灭菌、无菌检查及储藏

将物品放入灭菌锅内，于 121℃ 条件下灭菌 20min。将灭菌后的培养基放入 37℃ 的恒温培养箱中培养 24～28h，以检查灭菌效果。若无菌落产生，则证实培养基已彻底灭菌。若暂时不使用培养，则需要放入 4℃ 环境中储藏备用。

## 五、 实验注意事项

1. 可溶性淀粉在溶化时需在沸水中一边搅拌，一边少量加入，否则淀粉容易煳底。
2. $FeSO_4 \cdot 7H_2O$ 用量很少，可先配制成高浓度的储备液，再按照比例换算加入。

## 六、 实验报告

记录制作的培养基经过无菌检查后是否有菌落产生。

**思考题**

高氏一号培养基属于哪种类型的培养基？

# 实验十二 马丁培养基的制备

## 一、实验目的

掌握马丁培养基制备的方法。

## 二、实验原理

马丁培养基是分离真菌常用的培养基，其中葡萄糖是主要的碳源，蛋白质主要提供氮源，$K_2HPO_4$和 $MgSO_4 \cdot 7H_2O$ 作为无机盐，为真菌的生长提供钾、磷、镁等，而去氧胆酸钠和链霉素起到抑制其他微生物生长的作用。去氧胆酸钠可以有效抑制霉菌菌丝的蔓延及革兰氏阳性菌的生长，链霉素则对多数革兰氏阴性菌具有抑制作用。

## 三、实验材料

1. 原料和试剂

葡萄糖、蛋白胨、$K_2HPO_4$、$MgSO_4 \cdot 7H_2O$、孟加拉红、链霉素、去氧胆酸钠、琼脂。

2. 其他材料和设备

烧杯、三角锥形瓶、试管、玻璃棒、量筒、牛皮纸、棉绳、棉花、电炉、天平、高压蒸汽灭菌锅。

## 四、实验步骤

1. 计算

如表 4-3 所示，按照马丁培养基的配方，根据实验的需求量计算每种原料和试剂的用量，若配制的是固体培养基，还需加入 1.5%~2%琼脂。

表 4-3 1000mL 马丁培养基的配方

| 成分 | 用量 |
|---|---|
| 葡萄糖 | 10g |
| 蛋白胨 | 5g |
| $K_2HPO_4$ | 0.5g |
| $MgSO_4 \cdot 7H_2O$ | 0.5g |
| 0.1%孟加拉红溶液 | 3.3mL |
| pH | 自然 |
| 琼脂 | 15~20g |
| 蒸馏水 | 1000mL |
| 20%去氧胆酸钠 | 20mL（预先灭菌，临用前加入） |
| 链霉素溶液（10000U/mL） | 3.3mL（临用前加入） |

2. 称量

按照计算结果，准确称量药品。

3. 溶化

在烧杯中加入少量蒸馏水，依次加入药品，用玻璃棒进行搅拌，待所有药品溶解后，再加入 3. 3mL 的 0. 1%孟加拉红溶液，混匀后补充水分，进行定容。并加入琼脂，加热溶化，补足失水。

4. 分装、加塞、包扎、灭菌、无菌检查及储藏

按照实验十中的要求操作。

5. 抑菌剂的加入

溶化培养基，待培养基冷却到 60℃后，按照配方比例，加入 20%去氧胆酸钠及链霉素溶液，迅速混匀，立即倒入无菌培养皿中，每皿倒入量在 15~20mL 为宜。

## 五、 实验注意事项

链霉素受热后容易分解，因此，培养基温度过高时，不宜加入链霉素。

## 六、 实验报告

记录制作的培养基经过无菌检查后是否有菌落产生。

思考题

马丁培养基属于哪种类型的培养基？适合培养哪些类型的微生物，为什么？

# 实验十三　血液琼脂培养基的制备

## 一、 实验目的

掌握血液琼脂培养基制备的方法。

## 二、 实验原理

血清是血液去除血浆中纤维蛋白后得到的淡黄色透明液体，其营养十分丰富。血液琼脂培养基是在牛肉膏蛋白胨培养基中加入一定比例动物脱纤维血清制得的，用以培养营养需求较高的细菌或进行溶血试验。

## 三、 实验材料

1. 培养基

牛肉膏蛋白胨培养基。

2. 其他材料和设备

兔血或羊血、烧杯、玻璃棒、量筒、三角锥形瓶、玻璃珠、牛皮纸、棉绳、棉花、电炉、天平、高压蒸汽灭菌锅。

## 四、 实验步骤

1. 培养基配制

参照实验十配制牛肉膏蛋白胨琼脂培养基。

2. 无菌兔血或羊血的制备

（1）选择健康的兔或者羊，用无菌注射器收集新鲜的血液，注入装有玻璃珠的无菌三角锥形瓶中，振荡 10min，待纤维蛋白附着在玻璃珠后，收集上清液于无菌三角瓶中，获得含血细胞和血清脱纤维兔血或羊血，置于冰箱备用。

（2）溶化牛肉膏蛋白胨琼脂培养基，待冷却至 45℃后，按照 10%的比例在无菌条件下将制备好的血清加入已溶化的牛肉膏蛋白胨琼脂培养基中，迅速振荡，使血清与培养基充分混匀，然后分装倒入无菌培养皿中。

3. 无菌检查

待培养基冷却凝固后，将培养基放在 37℃的条件下过夜，若无菌落产生即可使用。

## 五、 实验注意事项

在牛肉膏蛋白胨培养基中加入血清时，培养基的温度不能过高，否则会破坏血清中的不耐热生长因子，还可能使血细胞破裂而出现溶血。同时，温度也不能太低，否则培养基会发生凝固而无法混匀血清。

## 六、实验报告

记录制作的培养基经过无菌检查后是否有菌落产生。

### 思考题

血液琼脂培养基是选择培养基吗？为什么？

# 第五章 CHAPTER 5

# 消毒与灭菌

微生物在自然界中分布广泛、杂居混生，为保证生产和科学实验中所研究菌株不受其他微生物的干扰，消毒和灭菌技术至关重要。消毒（disinfection）与灭菌（sterilization）两者的意义有所不同。消毒是一种采用较为温和的理化因素，仅杀死物体表面或内部一部分对人体或动物、植物有害的病原菌，而对被消毒的对象基本无害的措施。灭菌指采用强烈的理化因素使任何物体内外部一切微生物永远丧失其生长繁殖能力的措施。

灭菌、消毒方法主要有物理和化学两大类。物理方法主要有高温（干热和湿热）、辐射、超声波、微波、激光和静高压等，或通过稀释、过滤等方法也可以达到除菌目的。化学方法主要是利用无机和有机化学药剂进行消毒和灭菌。

## 实验十四　干热灭菌

### 一、实验目的

1. 了解干热灭菌的基本原理和应用范围。
2. 学习干热灭菌的操作技术。

### 二、实验原理

干热是通过高温使细胞膜破坏、蛋白质变性和原生质干燥，并使各种细胞成分氧化变质，以此达到彻底灭菌的目的。干热灭菌包括火焰灼烧和干热空气灭菌。火焰灼烧是一种彻底的干热灭菌法，其破坏力强，应用范围仅适用于接种环、接种针的灭菌或带菌病原体的材料、动物尸体的烧毁。干热空气灭菌，采用干热灭菌柜，细菌的繁殖体在干燥状态下，80~100℃ 1h 可被杀死；芽孢在 160~170℃ 2h 才能被杀死。在实验室采用电热恒温干燥箱，150～170℃下维持1～2h，适用于金属器械和洗净的玻璃器皿的灭菌，但不能超过180℃，否则，包器皿的纸或棉塞就会烧焦，甚至引起燃烧，打开干燥箱时的温度也不可高于70℃，否则玻璃器皿易炸裂。

## 三、实验材料

培养皿、试管、吸管、电热恒温干燥箱等。

## 四、实验步骤

1. 装入待灭菌物品

将包好的待灭菌物品（培养皿、试管、吸管等）放入电热恒温干燥箱内，关好箱门。

2. 加热、灭菌

检查好电源电压，检查接线情况，打开电源开关，开启加热开关，将控温器旋钮由“0”位旋至150～170℃，此时，箱内升温，仪表为绿灯，同时开启鼓风开关，使鼓风机工作。当温度升至所需温度时，绿灯灭红灯亮，指示灯交替明灭为恒温点，根据实验所需，维持保温时间1～2h。

3. 降温、开箱取物

到达保温时间后，关闭电源，自然降温。待电热恒温干燥箱内温度降到70℃以下后，打开箱门，取出灭菌物品。

## 五、实验注意事项

1. 物品不要摆得太挤，以免妨碍空气流通，灭菌物品不要接触电热恒温干燥箱内壁，以防包装纸烤焦起火。

2. 干热灭菌过程中，严防恒温调节的自动控制失灵而造成安全事故。如电热恒温干燥箱内有焦煳味，应立即切断电源。

3. 电热恒温干燥箱内温度未降到70℃以前，切勿自行打开箱门，以免骤然降温导致玻璃器皿炸裂。

4. 易挥发、易燃、易爆等物品切忌放进箱内加热，以防爆炸。

## 六、实验报告

对实验结果进行分析总结。

### 思考题

1. 在干热灭菌操作过程中应注意哪些事项？为什么？
2. 设计干热灭菌和湿热灭菌效果比较的实验方案。

# 实验十五　高压蒸汽灭菌

## 一、实验目的

1. 了解高压蒸汽灭菌的基本原理及应用范围。
2. 学习高压蒸汽灭菌的操作方法。

## 二、实验原理

高压蒸汽灭菌是将待灭菌的物品放在一个密闭的加压灭菌锅内，通过加热，使灭菌锅隔套间的水沸腾而产生蒸汽，待水蒸气将锅内的冷空气从排气阀中驱尽，然后关闭排气阀，继续加热，此时由于蒸汽不能溢出，而增加了灭菌器内的压力，当锅内压力为0.1MPa时，温度可达到121℃，一般在此温度下维持20min，即可杀灭一切微生物的营养体及其孢子或芽孢。

在同样的温度和相同的作用时间内，湿热灭菌法比干热灭菌法更有效，因为湿热蒸汽不但透射力强，而且还能破坏蛋白质空间结构和稳定的氢键，从而加速这一重要大分子物质的变性。不同微生物的湿热灭菌条件如表5-1所示。

表5-1　不同微生物的湿热灭菌条件

| 微生物 | 营养细胞或病毒粒 | 孢子或芽孢 |
|---|---|---|
| 细菌 | 60~70℃，10min | 60~70℃，10min或121℃，0.5~12min |
| 酵母菌 | 50~60℃，5min | 70~80℃，5min |
| 霉菌 | 62℃，30min | 80℃，30min |
| 病毒 | 60℃，30min | — |

在使用高压蒸汽灭菌锅时，灭菌锅内冷空气的排出是否完全非常重要，因为空气的膨胀压力大于水蒸气的膨胀压力，所以，当水蒸气中含有空气时，含空气蒸汽的温度低于饱和蒸汽的温度，导致压力表虽然为0.1MPa，但实际温度并未达到121℃，而造成灭菌不彻底。空气排出程度与温度的关系如表5-2所示。

表5-2　空气排出程度与温度的关系

| 压力表读数/MPa | 灭菌锅内温度/℃ | | |
|---|---|---|---|
| | 纯蒸汽 | 排出1/2空气 | 不排出空气 |
| 0.03 | 109 | 94 | 72 |

续表

| 压力表读数/MPa | 灭菌锅内温度/℃ | | |
|---|---|---|---|
| | 纯蒸汽 | 排出1/2空气 | 不排出空气 |
| 0.07 | 115 | 105 | 90 |
| 0.10 | 121 | 112 | 100 |
| 0.14 | 126 | 118 | 109 |
| 0.17 | 130 | 124 | 115 |
| 0.21 | 135 | 128 | 121 |

一般培养基用121℃（0.1MPa），15~30min可达到彻底灭菌的目的。灭菌的温度及维持的时间随灭菌物品的性质和容量等具体情况而有所改变。例如，含糖培养基用115℃（0.07MPa）灭菌35min。加压蒸汽灭菌适用于所有微生物学实验室、医疗手术器械和发酵工厂对培养基及多种器材或物料的灭菌。高压蒸汽灭菌锅和手提式灭菌锅的结构如图5-1所示。自控高压蒸汽灭菌锅的使用可参照厂家的说明书。

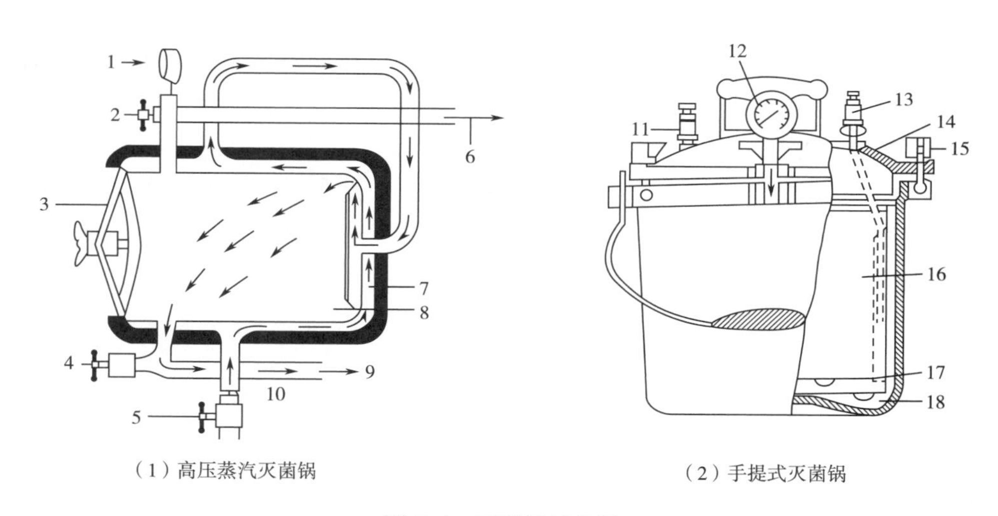


（1）高压蒸汽灭菌锅　　（2）手提式灭菌锅

图5-1　灭菌锅结构图

1—压力表　2—蒸汽排气阀　3—门　4—温度计阀　5—蒸汽供应阀　6—排气口　7—套层　8—灭菌室　9—排冷凝水口　10—汽液分离器　11—安全阀　12—压力表　13—放气阀　14—软管　15—紧固螺栓　16—灭菌桶　17—筛架　18—水

## 三、实验材料

牛肉膏蛋白胨培养基、培养皿、手提式高压蒸汽灭菌锅等。

## 四、实验步骤

（1）首先将内层锅取出，再向外层锅内加入适量的蒸馏水，使水面与三角搁架相平为宜。

（2）放回内层锅，并装入待灭菌物品。注意不要装得太挤，以免妨碍蒸汽流通而影响灭菌效果。三角烧瓶与试管口端均不要与桶壁接触，以免冷凝水淋湿包口的纸而透入棉塞。

（3）加盖，并将盖上的排气软管插入内层锅的排气槽内。再以两两对称的方式同时旋紧相对的两个螺栓，使螺栓松紧一致，勿使漏气。

（4）用电炉或煤气加热，并同时打开排气阀，使水沸腾以排除锅内的冷空气。待冷空气完全排尽后，关上排气阀，让锅内的温度随蒸汽压力增加而逐渐上升。当锅内压力升到所需压力时，控制热源，维持压力至所需时间。本实验用0.1MPa，121.5℃，20min灭菌。

（5）灭菌所需时间到后，切断电源或关闭煤气，让灭菌锅内温度自然下降，当压力表的压力降至“0”时，打开排气阀，旋松螺栓，打开盖子，取出灭菌物品。

（6）将取出的灭菌培养基放入37℃温箱培养24h，经检查若无杂菌生长，即可待用。

## 五、 实验注意事项

1. 灭菌锅切勿忘记加水，同时加水量不可过少，以防灭菌锅烧干而引起炸裂事故。

2. 灭菌的主要因素是温度而不是压力。因此，锅内冷空气必须完全排尽后，才能关上排气阀，维持所需压力。

3. 压力一定要降到“0”时，才能打开排气阀，开盖取物。否则就会因锅内压力突然下降，使容器内的培养基由于内外压力不平衡而冲出烧瓶口或试管口，造成棉塞沾染培养基而发生污染，甚至灼伤操作者。

## 六、 实验报告

检查培养基灭菌是否彻底，并对实验进行总结和分析实验结果。

**思考题**

1. 在使用高压蒸汽灭菌锅灭菌时，怎样杜绝一切不安全的因素？
2. 黑曲霉的孢子与芽孢杆菌的芽孢对热的抗性哪个更强？为什么？

# 实验十六　紫外线灭菌

## 一、实验目的

1. 了解紫外线灭菌的原理。
2. 熟悉紫外线灭菌的方法。

## 二、实验原理

紫外线灭菌是采用紫外线灯进行照射。波长为200~300nm的紫外线都有杀菌能力，其中以260nm的紫外线杀菌能力最强。在波长一定的条件下，紫外线的杀菌效率与强度和时间的乘积成正比。紫外线杀菌原理主要是紫外线对脱氧核糖核酸（DNA）的损伤作用，经紫外线照射后，一方面可形成嘧啶二聚体（胸腺嘧啶二聚体TT，胸腺嘧啶胞嘧啶二聚体TC，胞嘧啶二聚体CC）和水合物，相邻嘧啶形成二聚体后，造成局部DNA分子无法配对，抑制了DNA的复制与转录，从而引起微生物的死亡或突变；另一方面，由于辐射能使空气中的氧电离成［O］，再使$O_2$氧化生成臭氧（$O_3$）或使水（$H_2O$）氧化生成过氧化氢（$H_2O_2$）。$O_3$和$H_2O_2$均有杀菌作用。但紫外线穿透力不强，因此，紫外线只适用于接种箱、无菌室、实验室、手术室内的空气及物体表面的灭菌。

紫外线灯距照射物以不超过1.2m为宜。此外，为了加强紫外线灭菌效果，在打开紫外灯以前，可在无菌室内（或接种箱内）喷洒3%~5%石炭酸溶液，一方面使空气中附着有微生物的尘埃降落，另一方面也可以杀死一部分细菌。无菌室内的桌面、凳子可用2%~3%的来苏尔擦洗，然后再开紫外灯照射，即可增强杀菌效果，达到灭菌目的。

## 三、实验材料

牛肉膏蛋白胨平板，3%~5%石炭酸或2%~3%来苏尔溶液，紫外线灯。

## 四、实验步骤

1. 单用紫外线照射

（1）在无菌室内或在接种箱内打开紫外线灯开关，照射30min，将开关关闭。

（2）将已灭过菌倾倒好的牛肉膏蛋白胨琼脂平板，打开皿盖15min，然后盖上皿盖。置37℃培养24h，平行做三套。同时用开紫外线灯前打开皿盖15min的平板为对照，或在接种室外打开皿盖15min的平板为对照。

（3）检查每个平板上生长的菌落数。如果不超过4个，说明灭菌效果良好，否则，需延长照射时间或同时加强其他措施。

2. 化学消毒剂与紫外线照射结合使用

(1) 在无菌室内，先喷洒3%~5%的石炭酸溶液，再用紫外线灯照射15min。

(2) 无菌室内的桌面、凳子用2%~3%来苏尔擦拭，再打开紫外线灯照射15min。

(3) 检查灭菌效果［方法同“单用紫外线照射”(3)］。

## 五、 实验注意事项

因紫外线对眼结膜及视神经有损伤作用，对皮肤有刺激作用，故不能直视紫外线灯光，更不能在紫外线灯光下工作。

## 六、 实验报告

将以上3种灭菌效果记录在表5-3中，并进行对比和分析。

表5-3　3种灭菌方法结果比较

| 处理方法 | 平板菌落数 | | | 灭菌效果比较 |
|---|---|---|---|---|
| | 1 | 2 | 3 | |
| 紫外线照射 | | | | |
| 3%~5%石炭酸+紫外线照射 | | | | |
| 2%~3%来苏尔+紫外线照射 | | | | |

思考题

1. 细菌营养体和细菌芽孢对紫外线的抵抗力一样吗？为什么？
2. 使用紫外线灯杀菌需要注意的事项有哪些？
3. 在紫外线灯下观察实验结果时，为什么要隔一块普通玻璃？

# 实验十七 微孔滤膜过滤除菌

## 一、 实验目的

1. 了解过滤除菌的原理。
2. 掌握微孔滤膜过滤除菌的方法。

## 二、 实验原理

许多材料，例如血清、抗生素及糖溶液等不耐热的成分有时可采用过滤除菌的方法。过滤除菌器有三种类型。其一为蔡氏（Seitz）过滤器，该过滤器是由石棉制成的圆形滤板和一个特制的金属（银或铝）漏斗组成，分上、下两节，过滤时，用螺旋把石棉板紧紧夹在上、下两节滤器之间，然后将溶液置于滤器中抽滤。每次过滤必须用一张新滤板。根据其孔径大小滤板分为三种型号：K 型滤孔最大，做一般澄清用；EK 滤孔较小，用来除去一般细菌；EK-S 滤孔最小，可阻止大病毒通过，使用时可根据需要选用。其二为微孔滤膜过滤器，这是一种新型过滤器，其滤膜是用醋酸纤维酯和硝酸纤维酯的混合物制成的薄膜。孔径有 0.025~10.00μm 不同的大小。过滤时，液体和小分子物质通过，细菌则被截留在滤膜上。实验室中用于除菌的微孔滤膜孔径一般为 0.22μm，但若要将病毒除掉，则需更小孔径的微孔滤膜。微孔滤膜不仅可以用于除菌，还可用来测定液体或气体中的微生物，如水中微生物的检查。其三为核孔（nucleopore）过滤器，它由核辐射处理得很薄的聚碳酸胶片（厚 10μm）再经化学蚀刻而制成。辐射使胶片局部破坏，化学蚀刻使被破坏的部位成孔，而孔的大小则由蚀刻溶液的强度和时间控制。后两种滤器可将溶液中的微生物除去，主要用于科学研究。

过滤除菌法的应用十分广泛，除实验室用于某些溶液、试剂的除菌外，在微生物工业上所用的大量无菌空气以及微生物工作使用的净化工作台，都是根据过滤除菌的原理设计的。

## 三、 实验材料

1. 试剂和培养基

2%的葡萄糖溶液，肉汤蛋白胨平板。

2. 其他材料

注射器，微孔滤膜过滤器，0.22μm 滤膜，无菌试管，镊子，玻璃刮棒。

## 四、 实验步骤

1. 组装、灭菌

将 0.22μm 孔径的滤膜装入清洗干净的塑料滤器中，旋紧压平，包装灭菌后待用

（0.1MPa，121.5℃灭菌 20min）。

2. 连接

将灭菌滤器的入口在无菌条件下，以无菌操作方式连接于装有待滤溶液（2%葡萄糖溶液）的注射器上，将针头与出口处连接并插入带橡皮塞的无菌试管中。微孔滤膜过滤器装置如图 5-2 所示。

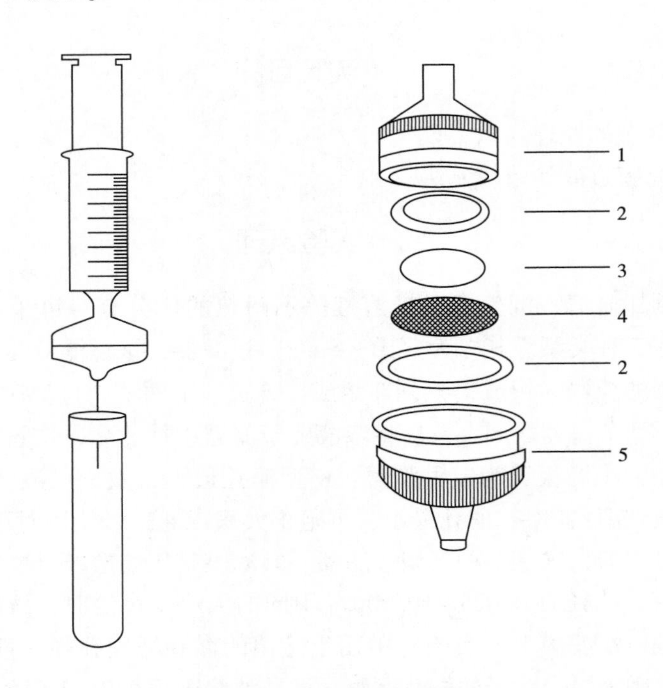


图 5-2　微孔滤膜过滤器装置

1—入口端　2—垫圈　3—微孔膜　4—支持板　5—出口端

3. 压滤

将注射器中的待滤溶液加压缓缓挤入过滤到无菌试管中，滤毕，将针头拔出。

4. 无菌检查

无菌操作吸取除菌滤液 0.1mL 于肉汤蛋白胨平板上，涂布均匀，置 37℃温室中培养 24h，检查是否有菌生长。

5. 清洗

弃去塑料滤器上的微孔滤膜，将塑料滤器清洗干净，并换上一张新的微孔滤膜，组装包扎，再经灭菌后使用。

## 五、 实验注意事项

1. 压滤时，用力要适当，不可太猛太快，以免细菌被挤压通过滤膜。

2. 整个过程应在无菌条件下严格无菌操作，以防污染。过滤时应避免各连接处出现渗透现象。

## 六、 实验报告

记录无菌检查结果，并对实验结果进行总结和分析。

思考题

1. 过滤除菌实验效果如何？如果经培养检查有杂菌生长，是什么原因造成的？
2. 过滤除菌应注意哪些问题？

第六章

# 微生物大小和数量的测定

生长繁殖是微生物的重要生命活动之一。一个单细胞微生物在适宜的条件下，不断地吸取周围的营养物质，并按其固有的代谢方式进行新陈代谢。当同化代谢速率超过异化代谢速率时，细胞中的原生质总量就不断增加，于是就出现了个体的生长。但是，任何个体的增大都是有限度的。当细胞内的各种成分和结构协调增长到某种程度时，母细胞就开始分裂，不久形成了两个子细胞。这种个体数目增多的现象称为繁殖。因此，生长与繁殖是两个紧密联系、不断交替的生命过程。由于个体的生长就导致个体的繁殖，最终引起了群体的生长。

对微生物而言，“生长”一般均指其群体的生长，即在单位体积的群体中细胞浓度或菌体密度、质量、体积的增加。

生长与繁殖的含义不同，因此，测定的原理和方法也各异。由于生长意味着原生质含量的增加，因此，测定微生物生长量的方法可以直接法或间接法为依据，而测定繁殖则建立在计算个体数目的原则上进行。

测定微生物个体细胞的大小，可采用显微镜测微尺进行测量。而对于微生物生长量的测定，常采用称干重的直接测定法，或比浊法和生理指标法进行间接测定。测定繁殖数目，可采用血细胞计数板进行直接计数，也可采用平板菌落计数法、厌氧菌的菌落计数法等间接方法进行计数。总之，测定微生物生长量的方法有很多，各有其优缺点，需要在实际工作中根据具体情况和要求加以选择。

本章主要介绍生产和科学研究中比较常用的利用显微镜测微尺测定微生物大小、显微镜直接计数法、平板菌落计数法、光电比浊计数法及大肠杆菌生长曲线的测定。

# 实验十八 微生物大小的测定

## 一、 实验目的

1. 熟悉利用测微尺测定微生物大小的方法和原理。
2. 直观认识微生物细胞大小。

## 二、 实验原理

微生物的外表特征可从形态、大小和细胞间排列方式加以描述，微生物细胞的大小是微生物基本的形态特征，也是分类鉴定的依据之一。尽管微生物细胞微小，但借助显微镜，利用目镜测微尺和镜台测微尺，能较准确地测量出他们的大小。

镜台测微尺是中央部分刻有精确等分线的载玻片，一般是将 1mm 等分为 100 格，每格长 0.01mm（即 10μm）。更为精准的是将 0.1mm 等分 50 格，每格 0.002mm（2μm）。镜台测微尺并不直接用来测量细胞的大小，而是用于校正目镜测微尺每格的相对长度。

目镜测微尺是一块圆形小玻片，其中央有精确的等分刻度。有等分为 50 小格和 100 小格两种。测量时，需将其放入接目镜中的隔板上，用以测量经显微镜放大后的细胞物像。因为不同的目镜或不同的目镜和物镜组合放大倍数不同，目镜测微尺每小格所代表的实际长度也不一样。所以当用目镜测微尺测量微生物大小时，必须先用镜台测微尺进行校正，以求出该显微镜在一定放大倍数的目镜和物镜下，目镜测微尺每小格所代表的相对长度，然后根据微生物细胞相当于目镜测微尺的格数，即可计算出细胞的实际大小。

杆菌和酵母菌用长和宽表示其大小，球菌用直径表示其大小，如枯草芽孢杆菌大小为（0.7~0.8）μm×（2~3）μm、酵母菌为（1~3）μm×（2~10）μm、金黄色葡萄球菌直径约 0.8μm。

## 三、 实验材料

1. 菌种

枯草芽孢杆菌、金黄色葡萄球菌、酿酒酵母菌或用市售干酵母粉自制菌液。

2. 其他材料和设备

显微镜、目镜测微尺、镜台测微尺、载玻片、盖玻片等。

## 四、 实验步骤

1. 装目镜测微尺

将一侧目镜从镜筒中拔出，旋开目镜下面的部分，将目镜测微尺刻度向下装在目镜的焦平面上，重新将旋下的部分装回目镜，然后把目镜插回镜筒中。

2. 目镜测微尺的校正

将镜台测微尺刻度向上放在显微镜载物台上夹好，使目镜测微尺分度位于视野中央。调焦至能看清镜台测微尺的分度。然后移动镜台测微尺和转动目镜测微尺，使两尺左边的一直线重合，然后再由左向右找出两尺另一次重合的直线。记录两条重合线间目镜测微尺和镜台测微尺的格数。计算目镜测微尺每格所代表的实际长度。镜台测微尺与目镜测微尺的校正如图 6-1 所示。

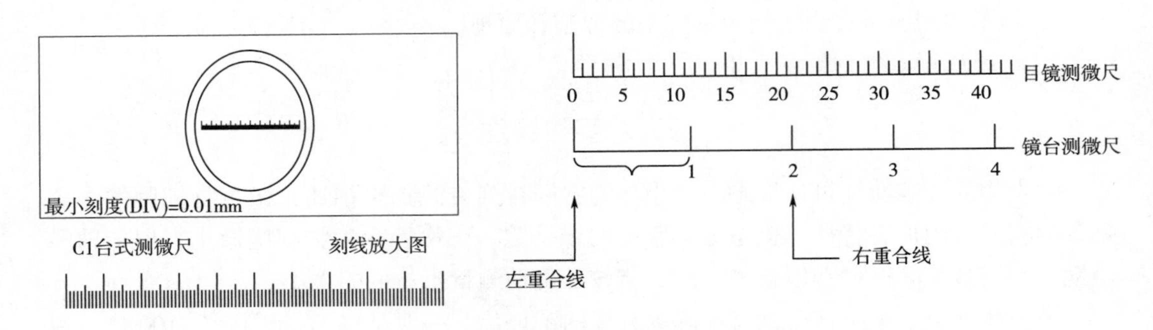


图 6-1 镜台测微尺和目镜测微尺的校正

用同样的方法换成高倍镜和油镜进行校正，分别测出在高倍镜和油镜下，两重合线之间两尺分别所占的格数。

3. 计算

已知镜台测微尺每格长 10μm，根据式（6-1）即可分别计算出在不同放大倍数下，目镜测微尺每格所代表的长度。

$$\text{目镜测微尺每格长度（μm）}=\frac{\text{两重合线间镜台测微尺格数}\times 10}{\text{两重合线间目镜测微尺格数}} \tag{6-1}$$

4. 微生物大小测定

目镜测微尺校正完毕后，取下镜台测微尺，换上细菌或酵母菌的染色制片。先用低倍镜找到标本后，酵母菌在高倍镜下测量其大小（测酵母菌时应先将其制成悬液做涂片或做成水浸片），细菌在油镜下测量其大小（细菌最好选用对数期）。测定时，通过转动目镜测微尺和移动载物台上载片测出各种微生物的长和宽所占的格数，然后再将所测格数乘以目镜测微尺每格所代表的长度，即为该微生物的实际大小。

## 五、 实验注意事项

1. 观察时光线不宜过强，否则难以找到镜台测微尺的刻度。
2. 在校正高倍镜和油镜时，务必十分小心，防止压坏镜台测微尺和损坏镜头。

## 六、 实验报告

1. 将目镜测微尺的校正结果写在表 6-1。

表 **6-1**　　目镜测微尺的校正结果

| 物镜 | 物镜倍数 | 目镜测微尺格数 | 镜台测微尺格数 | 目镜测微尺每格代表的长度/μm |
| --- | --- | --- | --- | --- |
| 低倍镜 | | | | |
| 高倍镜 | | | | |
| 油镜 | | | | |

2. 被测菌体的大小

将被测菌体大小填入表 6-2，并对结果进行分析与总结。

表 **6-2**　　被测菌体大小

| 微生物名称 | 目镜测微尺每格代表的长度/μm | 菌体大小范围/μm |
| --- | --- | --- |
| 枯草芽孢杆菌 | | |
| 金黄色葡萄球菌 | | |
| 酿酒酵母菌 | | |

## 思考题

1. 为什么更换不同的目镜或物镜都必须使用镜台测微尺对目镜测微尺重新进行校正？

2. 分析影响微生物大小测定的因素。

# 实验十九　显微镜直接计数法

## 一、 实验目的

1. 熟悉血细胞计数板的计数原理。
2. 学会使用血细胞计数板进行微生物计数的方法。

## 二、 实验原理

利用血细胞计数板在显微镜下直接计数，是一种常用的微生物计数方法，此法适用于菌体较大的酵母菌或霉菌孢子的纯培养悬浮液。一般细菌采用彼得罗夫·霍泽（Petrof Hausser）细菌计数板。两种计数板原理和部件相同，但厚薄不同，血细胞计数板较厚，不能使用油镜，计数板下部的细菌不易看清楚。

血细胞计数板是一块特制的载玻片，其上由 4 条槽构成 3 个平台。中间较宽的平台又被一短横槽隔成两半，每个半边有两个计数室，一边平台上各有一个方格网，每个方格网共分为 9 个大方格，中间的大方格即为计数室。计数室的刻度有两种规格：一种是大方格分成 25 个中方格，每个中方格又分成 16 个小方格；另一种是一个大方格分成 16 个中方格，而每个中方格又分成 25 个小方格。但无论哪一种规格的计数板，每个大方格中的小方格都是 400 个。每一个大方格边长为 1mm，盖上盖玻片后盖玻片与载玻片之间的高度为 0.1mm，因此每个计数室（大方格）体积都是 0.1$mm^3$（0.0001mL）。计数时，将经过适当稀释的菌悬液（或孢子悬液）放在血细胞计数板载玻片与盖玻片之间的计数室中，在显微镜下进行计数。血细胞计数板构造如图 6-2 所示。

显微镜直接计数法的优点是直观、快速，但得到的菌体数目为包括死菌体在内的总菌数。为区分死菌活菌，可用特殊染料对活菌进行染色后再分别计数。如酵母菌采用亚甲基蓝进行染色，活菌无色，死菌为蓝色。细菌采用吖啶橙染色后，在紫外光显微镜下，活菌发橙色荧光，死菌则发出绿色荧光，即可分别对活菌和总菌数计数。

## 三、 实验材料

1. 菌种

酿酒酵母菌或市售干酵母粉等。

2. 其他材料

血细胞计数板、显微镜、盖玻片、无菌毛细滴管等。

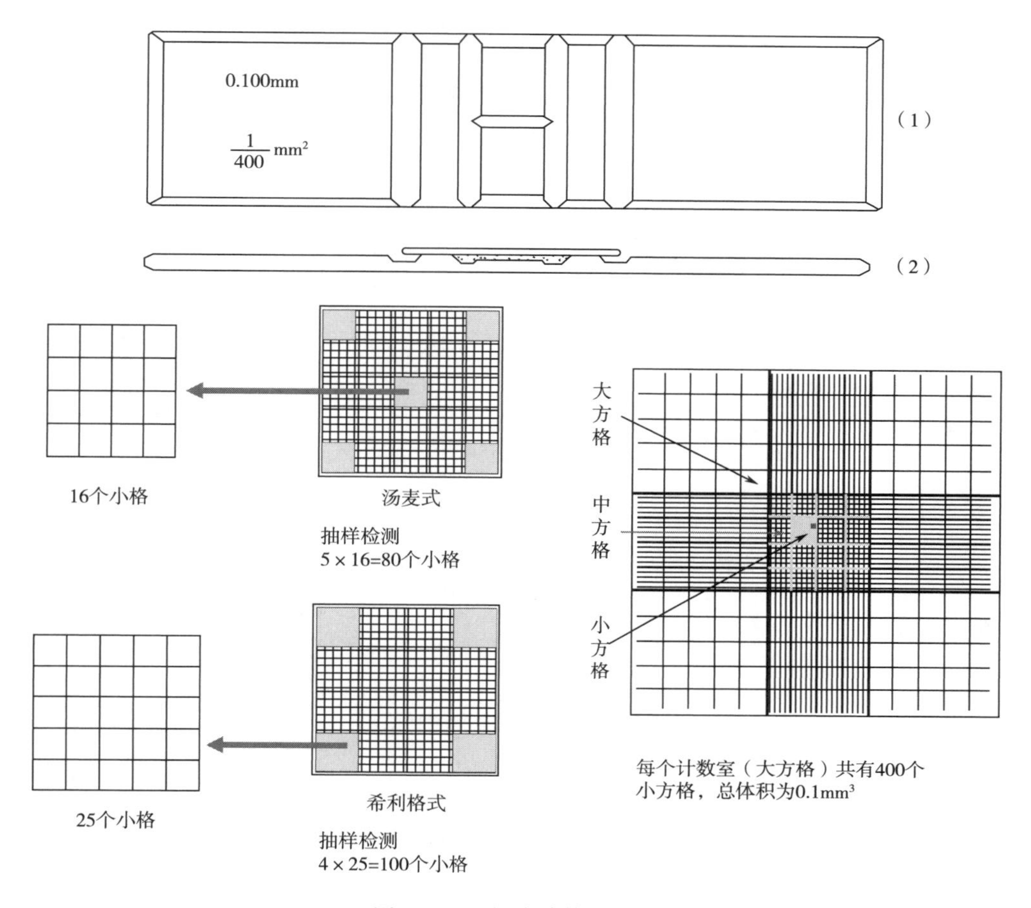


图 6-2　血细胞计数板构造

（1）正面图　（2）纵切面图

## 四、 实验步骤

1. 制备菌液

以无菌生理盐水将酿酒酵母菌制成浓度适宜的菌悬液，以每小格有 3~5 个为宜。

2. 镜检计数室

镜检计数室是否有污物，如有，需要清洗、吹干或用滤纸吸干水分后才能进行计数。

3. 加样

将清洁干燥的血细胞计数板盖上盖玻片，再用毛细滴管或小滴管将摇匀的菌悬液由盖玻片边缘加样，让菌液沿缝隙靠毛细渗透作用自由渗入计数室，以计数室充满菌液为宜。如果加的菌液过多，在边缘的槽沟中发现有菌液时，就应该立即用滤纸将其吸出，否则会影响计数的结果。

4. 显微镜计数

静置 5min 后，将血细胞计数板置于显微镜载物台上，先用低倍镜找到计数室所在位置，然后换成高倍镜进行计数。每个计数室选 4 或 5 个中格中的菌体进行计数。

镜检计数方法：①方格内细胞的计数顺序为左上→右上→右下→左下。②压在方格线上的细胞只计左线和上线上的细胞数。③酵母细胞若有粘连，要数出团块中的每一个细胞。④出芽酵母的芽体体积若超过细胞体积的1/2，则算独立个体。⑤计数总数不少于300个细胞。

5. 血细胞计数板的清洗

使用完毕后，要将计数板用流水冲洗干净，切勿用硬物洗刷，洗完后自行晾干或用吸水纸吸干或用吹风机吹干，放置盒中。

6. 计算

25个中方格计数板：

$$1\text{mL 菌液中的总菌数}=\frac{A}{5}\times 25\times 10^4\times B=50000A\cdot B\ (\text{个}) \tag{6-2}$$

16个中方格计数板：

$$1\text{mL 菌液中的总菌数}=\frac{A}{4}\times 16\times 10^4\times B=40000A\cdot B\ (\text{个}) \tag{6-3}$$

式中 $A$——5个或4个方格中的菌数；

$B$——稀释倍数。

## 五、 实验注意事项

1. 计数取样时要摇匀菌液，加样时计数室内不可有气泡。
2. 计数时，调节光源强弱和聚光镜高低，以既能看清楚方格又能看清楚菌体细胞为宜。

## 六、 实验报告

对所测酵母菌进行计数，结果记录在表6-3，并对实验结果进行分析和总结。

表6-3 酵母菌数目

| 计数室 | 每一中格中的菌数 | | | | | $A$ | $B$ | 两室平均值 | 菌数/mL |
|---|---|---|---|---|---|---|---|---|---|
| | 1 | 2 | 3 | 4 | 5 | | | | |
| 第一室 | | | | | | | | | |
| 第二室 | | | | | | | | | |

### 思考题

1. 在用血细胞计数板计数时，如果只看到细胞看不到方格线或只看到方格线看不到细胞怎么办？
2. 设计一种测定某活性干酵母粉中的活菌率的方法。
3. 分析血细胞计数板计数的误差主要来自哪些方面？应如何尽量减少误差、力求准确？

# 实验二十 平板菌落计数法

## 一、 实验目的

1. 了解平板菌落计数的基本原理和方法。
2. 掌握平板菌落计数的基本技术。

## 二、 实验原理

平板菌落计数法可用浇注平板计数法、涂布平板法或滚管法等方法，适用于各种好氧菌或厌氧菌，主要操作是将稀释后的一定量菌样通过浇注琼脂培养基或在琼脂平板上涂布的方法，让其内的微生物单细胞分散在琼脂平板上（内），待培养后，每一活菌就形成一个单菌落，即“菌落形成单位”（colony forming unit，CFU），根据每皿上形成的CFU数乘以稀释倍数，就可以得到菌样的含菌数。

平板菌落计数法最大的优点是可以获得活菌的信息，所以被广泛用于生物制品检验（如活菌制剂），以及食品、饮料和水（包括水源水）等的含菌指数或污染程度的测定。但该方法的缺点是操作较为烦琐，且需要操作者技术较为熟练。为克服这一缺点，也可在培养基中加入活菌指示剂TTC（2,3,5-氯化三苯基四氮唑），可使菌落在很微小时就形成易于辨认的玫瑰红。

## 三、 实验材料

1. 菌种

大肠杆菌、枯草芽孢杆菌、金黄色葡萄球菌、青霉菌、产黄青霉。

2. 培养基

牛肉膏蛋白胨琼脂培养基、察氏培养基。

3. 其他材料和设备

恒温培养箱，无菌培养皿，1mL、0.5mL、0.2mL、0.1mL吸管，盛有4.5mL或9mL的无菌生理盐水试管，记号笔等。

## 四、 实验步骤

1. 浇注平板计数法

（1）编号 取无菌平皿9套，分别用记号笔标明$10^{-4}$、$10^{-5}$、$10^{-6}$各3套。另取6支盛有无菌水的试管，排于试管架上依次标明$10^{-1}$、$10^{-2}$、$10^{-3}$、$10^{-4}$、$10^{-5}$、$10^{-6}$。

（2）稀释 用1mL无菌吸管精确地吸取0.5mL大肠杆菌悬液放入$10^{-1}$的试管中，

吹吸3次，使其混匀。依次做成$10^{-1}$、$10^{-2}$、$10^{-3}$、$10^{-4}$、$10^{-5}$、$10^{-6}$稀释液。方法如图6-3所示。

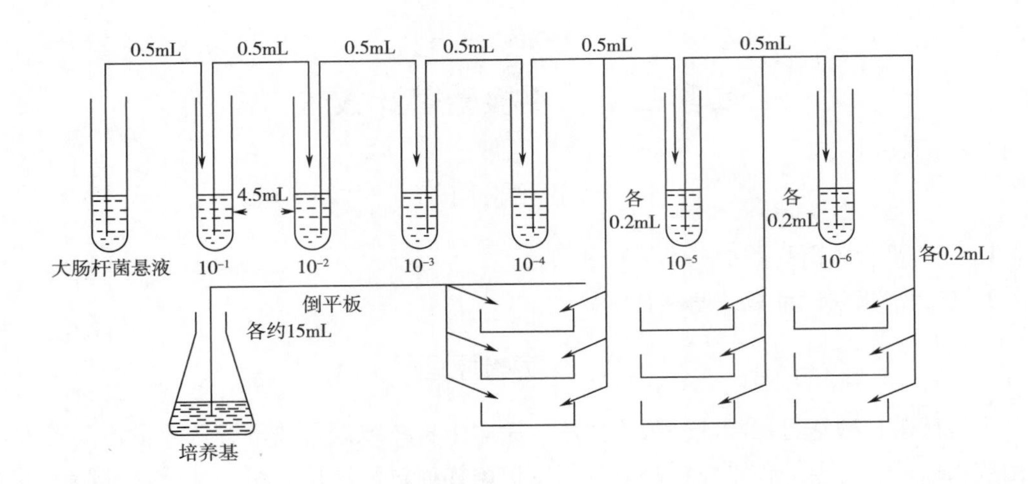


图6-3　平板菌落计数的操作步骤

（3）取样　用3支0.2mL的无菌吸管分别从$10^{-4}$、$10^{-5}$、$10^{-6}$的稀释液取0.2mL菌液，对号放入无菌平皿中。

（4）倒平板培养　于上述盛有不同稀释度菌液的培养皿中倒入溶化后并冷却至45℃左右的肉汤蛋白胨琼脂培养基迅速摇匀，置水平位置凝固后，倒置于37℃恒温箱中培养24h。

（5）计数　取出培养24h的平板进行计数，算出同一稀释度三个平板上的菌落平均数，并按式（6-4）计算：

总活菌数（CFU/mL）= 同一稀释度三次重复的菌落平均数×稀释倍数×5　　（6-4）

2. 涂布平板法

（1）倒平板　将牛肉膏蛋白胨琼脂培养基溶化后冷却至45℃左右倒入无菌平板，凝固后，倒置于37℃恒温箱中放置24h，使其干燥备用。

（2）编号　方法同浇注平板计数法。

（3）稀释　方法同浇注平板计数法。

（4）取样　方法同浇注平板计数法。

（5）涂布　用无菌吸管吸取0.1mL菌液对号接种于不同稀释度编号的平板上，再用无菌玻璃刮棒将菌液在平板上涂布均匀，平放于实验台上20~30min，使菌液渗透于培养基内，37℃倒置培养24h。

（6）计数

总活菌数（CFU/mL）= 同一稀释度三次重复的菌落平均数×稀释倍数×10　　（6-5）

## 五、实验注意事项

1. 平板菌落计数法，关键在于所选择菌悬液的稀释度，一般以是哪个连续稀释度中的第二个稀释度到平板培养后的平均菌落形成单位为50个左右为宜，否则需要适当增加或减少稀释度进行调整。

2. 菌液稀释时，每一个稀释度用一支吸管，以保证稀释的精确性，避免造成大的误差。

## 六、实验报告

将平板菌落计数结果记录在表6-4，并对结果进行分析和总结。

**表6-4**　　平板菌落计数结果

| 稀释度 | $10^{-4}$ | | | | $10^{-5}$ | | | | $10^{-6}$ | | | |
|---|---|---|---|---|---|---|---|---|---|---|---|---|
| | 1 | 2 | 3 | 平均 | 1 | 2 | 3 | 平均 | 1 | 2 | 3 | 平均 |
| CFU/平板 | | | | | | | | | | | | |
| CFU/mL | | | | | | | | | | | | |

### 思考题

1. 平板菌落计数时，为什么一般选用每个平板上菌落数在30~300个的？
2. 怎样使平板计数更准确？比较平板菌落计数法和显微镜直接计数法的优缺点。
3. 如果在平板计数时同一个稀释度的三个重复或三个稀释度之间差别较大时，应怎样分析结果误差？

# 实验二十一　光电比浊计数法

## 一、 实验目的

1. 了解光电比浊计数法测定微生物数量的原理。
2. 学习及掌握光电比浊计数法测定微生物数量的方法。

## 二、 实验原理

在科学研究和实验研究过程中，为及时了解培养过程中微生物的生长情况，需要定时测量培养液中微生物的数量，以便实时控制培养条件，获得最佳培养物。比浊计数法是最常用的测定方法。

当光线透过微生物菌悬液时，由于菌体的散射及吸收作用使光线的透过量降低。在一定范围内，菌体浓度与透光度成反比，与光密度值成正比，而光密度值或透光度可以用分光光度计测出。因此，可用一系列已知菌数的菌悬液测定光密度值（OD值），采用血细胞计数板或平板菌落计数法获得菌体数目，以OD值为横坐标、相应的菌体数目为纵坐标，制作标准曲线。将样液测得的OD值，从标准曲线中查得对应的菌体数目。

光电比浊计数法的优点是简便、快速，可进行连续测定，适于自动控制。但光密度或透光率会受到菌体浓度，细胞大小、形态，培养基成分及测定波长的影响，因此，对不同的微生物菌悬液在采用光电比浊测定时，需要制定相同菌株的标准曲线及与之相适应的最大吸收波长和稳定性试验才能确定。

注意：样品颜色太深或有其他杂质就不适合此法。

## 三、 实验材料

1. 培养液

酿酒酵母培养液。

2. 其他材料及设备

721型分光光度计、血细胞计数板、显微镜、试管、吸水纸、无菌生理盐水、无菌吸管等。

## 四、 实验步骤

1. 标准曲线的制作

取无菌试管7支，用记号笔写上编号，用血细胞计数板对24h培养的酿酒酵母培养液中的酵母数进行测定。然后分别用无菌生理盐水将酵母菌悬液稀释为每毫升含菌数 $1\times10^6$、$2\times10^6$、$4\times10^6$、$6\times10^6$、$8\times10^6$、$10\times10^6$、$12\times10^6$，将酵母菌悬液分装到 7 支无菌试管中并在 560nm 处，以生理盐水为空白，分别测定 7 支试管中酵母菌悬液的 OD 值，以 OD 值为横坐标，菌体数目为纵坐标，绘制标准曲线。

2. 样品测定

将样品悬液用无菌生理盐水进行适当稀释，在 560nm 测定其 OD 值，根据 OD 值从标准曲线中获得样品含菌数。

## 五、 实验注意事项

对样品的各种操作必须与制定标准曲线的操作相同，否则测得值所换算的含菌数不准确。

## 六、 实验报告

1. 绘制标准曲线

标准曲线数据表如表 6-5 所示。

**表 6-5**　　样品标准曲线数据表

| 试管号 | 1 | 2 | 3 | 4 | 5 | 6 | 7 |
|---|---|---|---|---|---|---|---|
| 细胞数/（$10^6$/mL） | | | | | | | |
| 光密度（OD） | | | | | | | |

2. 计算样品含菌数

$$每毫升样品原液含菌数=从标准曲线中查得每毫升的菌体数\times稀释倍数 \quad (6-6)$$

### 思考题

1. 光电比浊计数法的优点和缺点各是什么？
2. 分析光电比浊计数法测定产生误差的原因。

# 实验二十二　大肠杆菌生长曲线的制作

## 一、 实验目的

1. 通过细菌数量的测量了解大肠杆菌的生物特征和生长繁殖规律，绘制生长曲线。
2. 学习光电比浊测量细菌数量的方法。

## 二、 实验原理

将少量纯种单细胞微生物接种到恒体积的液体培养基中，进行间歇培养后，在适宜的温度、通气条件下，菌体生长由小到大，由少到多，有规律地生长。

以培养时间为横坐标，以细菌数目的对数或生长速率为纵坐标作图可绘制一条经历延迟期、对数期、稳定期和衰亡期四个阶段的生长曲线。不同的细菌在相同的培养条件下其生长曲线不同，同样的细菌在不同的培养条件下所绘制的生长曲线也不相同。测定单细胞微生物的生长曲线，了解其生长繁殖规律，对于人们根据不同的需要有效地利用和控制细菌的生长具有重要意义。

本实验用分光光度计进行光电比浊测定不同培养时间细菌悬浮液的 OD 值，绘制生长曲线。也可以直接用试管或带有测定管的三角瓶测定。

## 三、 实验材料

1. 菌种

大肠杆菌。

2. 培养基

溶菌肉汤（LB）液体培养基 70mL［分装 2 支大试管（5mL/支），剩余 60mL 装入 250mL 的三角瓶中］。

3. 其他材料和设备

722 型分光光度计、水浴振荡摇床、无菌试管、无菌吸管等。

## 四、 实验步骤

1. 标记

取 11 支无菌大试管，用记号笔分别标明培养时间，即 0h、1. 5h、3h、4h、6h、8h、10h、12h、14h、16h 和 20h。

2. 接种

分别用 5mL 无菌吸管吸取 2. 5mL 大肠杆菌过夜培养液（培养 10~12h），转入盛有 60mL 溶菌肉汤（LB）液的三角瓶内，混合均匀后分别取 5mL 混合液放入上述标记的

11 支大试管中。

3. 培养

将已接种的试管置摇床上，37℃振荡培养（振荡频率 250r/min），分别培养 0h、1.5h、3h、4h、6h、8h、10h、12h、14h、16h 和 20h，将标有相应时间的试管取出，立即放冰箱中储存，最后一同比浊测定其光密度值。

4. 比浊测定

用未接种的溶菌肉汤（LB）液体培养基作空白对照，选用 600nm 波长光电比浊测定。从早取出的培养液开始依次测定。本操作步骤也可用简便的方法代替：

（1）用 1mL 无菌吸管吸取 0.25mL 大肠杆菌过夜培养液转入盛有 3~5mL LB 液的试管中，混匀后将试管直接插入分光光度计的比色槽内，比色槽上方用自制的暗盒将试管及比色暗室全部罩上，形成一个大的暗环境。另以 1 支盛有 LB 液但没有接种的试管调零点，测定样品中培养 0h 的 OD 值。测定完毕后，取出试管置 37℃继续振荡培养。

（2）分别在培养 0h、1.5h、3h、4h、6h、8h、10h、12h、14h、16h 和 20h 时，取出培养物试管按上述方法测定 OD 值。该方法准确度高、操作简便。但需注意的是使用的试管要很干净，其透光程度越接近，测定的准确度越高。

## 五、实验注意事项

1. 对细胞密度大的培养液用溶菌肉汤（LB）液体培养基适当稀释后测定，使其光密度值在 0.10~0.65。

2. 测定 OD 值前，将待测定的培养液振荡，使细胞均匀分布。

## 六、实验报告

1. 将测定的 $OD_{600}$ 值填入表 6-6。

**表 6-6**　样品测定 $OD_{600}$ 值

| 培养时间/h | 对照 | 0 | 1.5 | 3 | 4 | 6 | 8 | 10 | 12 | 14 | 16 | 20 |
|---|---|---|---|---|---|---|---|---|---|---|---|---|
| 光密度值（$OD_{600}$） | | | | | | | | | | | | |

2. 绘制大肠杆菌的生长曲线。

### 思考题

1. 如果用活菌计数法制作生长曲线会有什么不同？两者各有什么优缺点？

2. 根据绘制的样品生长曲线及数据，计算该大肠杆菌的代时。

3. 次生代谢产物的大量积累在哪个时期？根据细菌生长繁殖的规律，采用哪些措施可使次生代谢产物积累更多？

# 第七章 CHAPTER 7

# 环境因素对微生物生长的影响

微生物的生长繁殖是微生物通过与外界环境进行物质和能量的交换而实现的，环境条件的改变对微生物的生长发育会造成不同程度的影响。不同环境因素对微生物的生长发育影响不同，同一因素因其浓度或作用时间不同也会产生不同的影响。某一特定环境是一些微生物生长繁殖所必要的，对另外一些微生物则可能是抑制甚至杀死，例如，热泉中的嗜热菌必须在高于55℃的环境下才可以生长，而其他大多数微生物在这个温度下是不能生存的。

环境因素总体可分为化学、物理、生物和营养四大类。本章通过这四类环境因素对微生物影响的实验，观察微生物与其所处环境之间的相互关系，初步了解如何控制环境条件，以便为有利微生物创造生长发育的条件，对有害的微生物则设法加以控制或杀死，使微生物更好地为人类所利用。

## 实验二十三　化学因素对微生物生长的影响

### 一、 实验目的

1. 了解微生物在有化学试剂环境中的生长情况。
2. 了解常用化学消毒剂对微生物的作用。

### 二、 实验原理

常用的化学消毒剂主要包括重金属及其盐类、醇、酚、醛等有机化合物以及碘、表面活性剂等。重金属离子可与菌体蛋白质结合使之变性，重金属盐则是蛋白质的沉淀剂，碘可与蛋白质酪氨酸残基不可逆结合而使蛋白质失活。表面活性剂能降低溶液表面张力，作用于微生物细胞膜，改变其透性，同时也能使蛋白质发生变性。

不同化学药剂对同一种微生物的杀菌能力存在差异，而同一种化学试剂及其不同浓度对不同微生物的杀菌效果也不一致，最直接的表现是在固体培养平板上，药物周围会出现大小不一的抑菌圈，抑菌圈越大，表明抑菌效果越好，因此，化学消毒剂对微生物的抑（杀）菌作用可通过含有化学试剂的滤纸片法进行测定（图 7-1）。

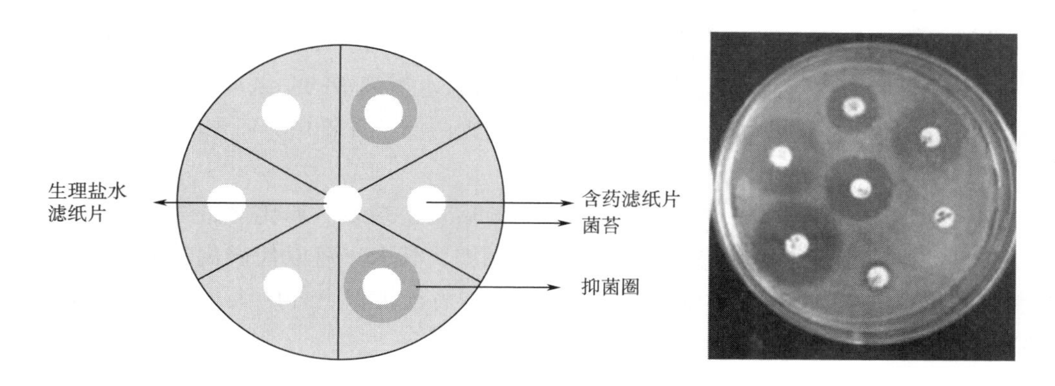


图 7-1　滤纸片法检测化学药物的抑（杀）菌作用

## 三、实验材料

1. 菌种

大肠杆菌和金黄色葡萄球菌。

2. 培养基

牛肉膏蛋白胨培养基。

3. 试剂

0. 1%氯化汞溶液、5%石炭酸溶液、75%乙醇溶液、0. 005%龙胆紫溶液、1%来苏尔溶液、0. 05%龙胆紫溶液和无菌生理盐水（对照）。

4. 其他材料和设备

无菌培养皿、无菌滤纸片（直径 5mm）、试管、移液器、三角涂棒、培养箱等。

## 四、实验步骤

滤纸片法测定化学试剂对微生物的杀（抑）菌能力可采用涂布法和混菌法制备平板。

1. 涂布法

将 15mL 已灭菌并冷至 50℃左右的牛肉膏蛋白胨琼脂培养基倒入无菌培养皿中，水平放置待凝固。用无菌移液器取 0. 2mL 培养 18h 的大肠杆菌和金黄色葡萄球菌菌液加入到上述平板中，用无菌三角涂棒涂布均匀。

2. 混菌法

用无菌移液器取 0. 2mL 培养 18h 的大肠杆菌和金黄色葡萄球菌的菌液至无菌培养皿中，加入 15mL 已灭菌并冷至 50℃左右的牛肉膏蛋白胨琼脂培养基，微微转动培养皿使其混合均匀（注意：不要用力过猛以防培养基溅到培养皿盖上），水平放置使之充分冷凝成平板。

3. 划分平板

将步骤1或步骤2的平板划分成6等份（图7-1），每一等份内标明一种消毒剂的名称。

4. 放置滤纸片

用无菌镊子取浸泡在0.1%氯化汞溶液、5%石炭酸溶液、75%乙醇溶液、100%乙醇溶液、0.05%龙胆紫溶液、1%来苏尔溶液和无菌生理盐水溶液中的滤纸片各一片，放置在步骤3培养皿中相应标记处，将浸泡在生理盐水的无菌滤纸片置培养皿中间作为对照。

5. 结果观察

将平板置于37℃培养箱中倒置培养48~72h后观察结果。如化学试剂对待测菌株有抑菌作用，则滤纸片周围会出现无菌生长的抑菌圈，其大小可以代表化学试剂抑菌能力的强弱。用尺子测量并记录抑菌圈的直径（表7-1），根据直径的大小可初步确定化学试剂的抑菌效能。

## 五、 实验注意事项

1. 操作过程中保证滤纸片所含消毒剂溶液量基本一致，可在试管内壁沥去多余药液。
2. 各化学试剂之间不能有相互污染。

## 六、 实验报告

将观察到的实验结果记录在表7-1中。

表7-1　　化学消毒剂对大肠杆菌和金黄色葡萄球菌的抑（杀）能力

| 消毒剂 | 抑（杀）菌圈直径/mm | |
|---|---|---|
| | 大肠杆菌 | 金黄色葡萄球菌 |
| 0.1%氯化汞溶液 | | |
| 5%石炭酸溶液 | | |
| 75%乙醇溶液 | | |
| 100%乙醇溶液 | | |
| 1%来苏尔溶液 | | |
| 0.05%龙胆紫溶液 | | |

思考题

1. 如果实验中发现滤纸片四周仍有菌落生长，分析其原因。
2. 实验中，75%乙醇和100%乙醇对金黄色葡萄球菌的作用效果有何不同？医院常用作消毒剂的乙醇浓度是多少？请说明使用此浓度乙醇溶液的原因和机制？

# 实验二十四 紫外线对微生物生长的影响

## 一、 实验目的

1. 了解紫外线对微生物生长的影响及其作用机制。
2. 学习检测紫外线对微生物生长影响的方法。

## 二、 实验原理

紫外线是波长为 10~400nm 辐射的总称，波长 260nm 左右的紫外线具有最强的杀菌作用。紫外线杀菌的主要原理详见实验十六紫外线灭菌。

被紫外线照射受损害的微生物细胞，如果立即暴露在可见光下，光线可诱导光复活修复酶（photo-reactivating enzyme）的表达，该酶可使紫外线照射形成的胸腺嘧啶二聚体解体，回到正常状态，导致突变率和致死率下降，该现象被称为光复活现象（photo reactivation）。紫外线具有较强的杀菌力，但穿透力弱，即使一薄层玻璃就能过滤除去大部分紫外线，因此，紫外线适合用于物体的表面灭菌和空气灭菌。

## 三、 实验材料

1. 菌种

金黄色葡萄球菌。

2. 培养基

牛肉膏蛋白胨培养基。

3. 其他材料和设备

酒精灯、无菌培养皿、无菌吸管、试管、用于掩盖平板的灭菌黑纸或者锡箔、镊子、接种箱（内装 40W 紫外灯）等。

## 四、 实验步骤

1. 培养基准备

将牛肉膏蛋白胨培养基加热溶化，然后使之冷却并保持在 50℃左右，备用。

2. 菌悬液制备

取培养 18~24h 的金黄色葡萄球菌斜面菌种 1 支，按无菌操作技术加入 2~3mL 的无菌水，用接种环将菌苔轻轻刮下（尽量不要将培养基刮破），振荡，制成均匀的菌悬液，备用。此步骤也可直接制备目标菌株的发酵液。

3. 取菌

用无菌移液器按无菌操作的方法各吸取金黄色葡萄球菌菌悬液 0. 2mL，并注入 15 个无菌培养皿中。

4. 倒平板

取已溶化并保温在50℃左右的培养基，按照无菌操作要求注入已接菌的培养皿中，每个培养皿倒入15mL左右的培养基，微微转动培养皿使其混合均匀（不要用力过猛以防止培养基溅到培养皿盖上），使之充分冷凝成平板。步骤3和步骤4也可用实验二十三中的涂布法。

5. 照射

紫外灯预热15min后关灯，把12个平板置于紫外灯下，平板与紫外灯距离30cm，打开培养皿盖，使培养物在紫外线下照射5min（编号1～3）、10min（编号4～6）、15min（编号7～9）和20min（编号10～12）后，分别将对应的3个培养皿加盖取出，快速用报纸或牛皮纸包裹培养皿。留下3个平板（不照射）作为对照（编号CK1、CK2、CK3）。

6. 培养

置于37℃培养24h后观察结果，数出各平板菌落数并记录在表7-2，计算每个照射时间致死率D（%）=（辐射菌落平均数/对照菌落平均数）×100，其中辐射菌落平均数为不同紫外辐射时间3个培养皿的菌落平均数。并观察菌落颜色、形态是否发生变化。

## 五、 实验注意事项

1. 紫外线照射过程中不要盖培养皿盖，且距离不能太远，以免影响紫外线辐射能力。
2. 紫外线对人眼有非常强的灼伤作用，请勿用裸眼直接观看紫外灯。

## 六、 实验报告

实验结果记录在表7-2中。

表7-2　不同时间紫外线辐射后菌株生长情况

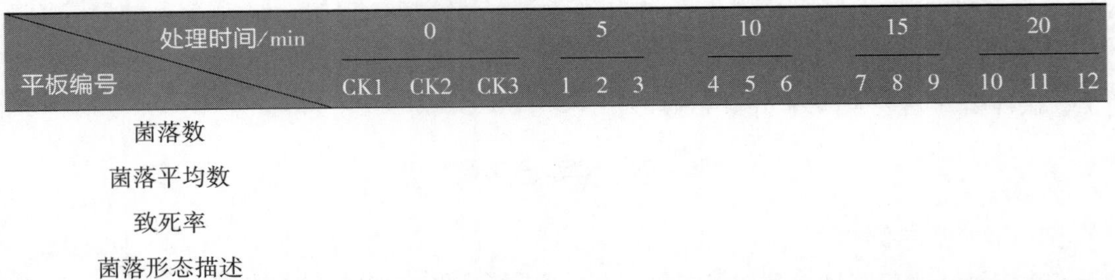

| 处理时间/min<br>平板编号 | 0 | | | 5 | | | 10 | | | 15 | | | 20 | | |
|---|---|---|---|---|---|---|---|---|---|---|---|---|---|---|---|
| | CK1 | CK2 | CK3 | 1 | 2 | 3 | 4 | 5 | 6 | 7 | 8 | 9 | 10 | 11 | 12 |
| 菌落数 | | | | | | | | | | | | | | | |
| 菌落平均数 | | | | | | | | | | | | | | | |
| 致死率 | | | | | | | | | | | | | | | |
| 菌落形态描述 | | | | | | | | | | | | | | | |

### 思考题

1. 辐射距离会影响紫外照射效果吗？
2. 紫外线照射结束后为什么要迅速用报纸或牛皮纸包裹培养皿后再进行培养？

# 实验二十五　温度对微生物生长的影响

## 一、实验目的

1. 了解温度对不同微生物生长的影响。
2. 学习和掌握最适生长温度的测定方法。

## 二、实验原理

温度通过影响蛋白质、核酸等生物大分子的结构与功能来影响微生物的生长、繁殖和新陈代谢。过高的温度会导致蛋白质或核酸不可逆变性失活，进而导致细胞早衰甚至死亡，这是高温杀菌的原理；过低的温度会使酶活力受到抑制，减弱细胞的新陈代谢，使生长繁殖减速，这是低温菌种保藏的原理。任何微生物只能在一定的温度范围内生长，如低温微生物的生长温度不能超过20℃，高温微生物则必须在45℃以上才能正常生长。不同微生物对温度的耐受性不同，但都有最低生长温度、最适生长温度和最高生长温度。最适生长温度为微生物生长速率最快，即繁殖一代所需要的时间最短的温度。最适生长温度不等于发酵的最适温度，也不等于积累某一代谢产物的最适温度。生产实践上，在满足微生物基本生长繁殖的同时，需要最大限度地积累某一代谢产物。因此，为了获得最适发酵温度，通常采用变温培养，通过测定不同温度条件下菌株的生长及代谢产物的产量，从而确定最适生长和发酵温度。

## 三、实验材料

1. 菌种

大肠杆菌（*Escherichia coli*）、嗜热脂肪芽孢杆菌（*Bacillus stearothermophilus*）和产气肠杆菌（*Enterobacter aerogenes*）。

2. 培养基

（1）牛肉膏蛋白胨液体培养基　将培养基分装入12支试管，每管4~5mL（约为试管的1/4高度），倒置放入杜氏小管，试管塞上塞子，包扎，121℃灭菌20min（图7-2）。

（2）牛肉膏蛋白胨琼脂平板培养基　将无菌培养基适当冷却后无菌条件下倒入培养皿，倒入的量为常规的2倍，以防高温下培养基干裂，放置凝固。

3. 其他

恒温培养箱等。

## 四、实验步骤

（1）取12个牛肉膏蛋白胨琼脂平板，在皿底用记号笔划分为两区，分别标上大肠

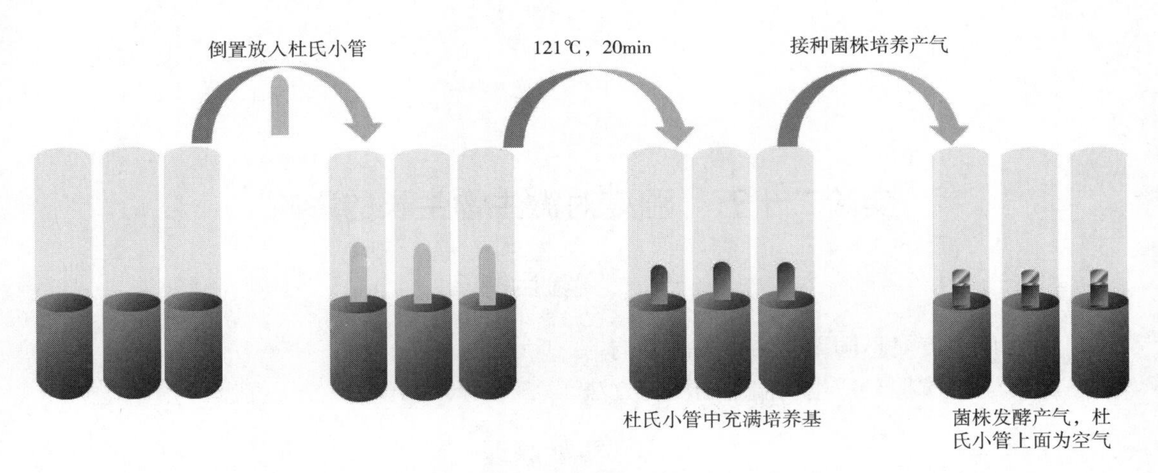


图 7-2 杜氏小管的放置及产气情况

杆菌和嗜热脂肪芽孢杆菌。

（2）上述平板无菌条件以划线接种方式分别接种上大肠杆菌和嗜热脂肪芽孢杆菌，在四个不同温度（15℃、25℃、37℃及 60℃）培养箱中分别放置 3 个平板，倒置培养 24~48h，观察两种菌的生长状况。

（3）在 12 支装有牛肉膏蛋白胨液体培养基及杜氏小管的试管中接入产气肠杆菌，各取 3 支置于 15℃、25℃、37℃及 60℃条件下培养 24~48h，观察该菌的生长状况及产气量。

## 五、 实验注意事项

杜氏小管需要倒置放入培养基，灭菌后小管中充满培养基，操作和培养过程中防止气体进入小管，影响结果观察。

## 六、 实验报告

比较上述三种微生物在不同温度条件下的生长状况及产气肠杆菌的产气量，将结果记录于表 7-3 中。

**表 7-3** 不同温度下微生物生长状况

| 温度/℃ | 大肠杆菌 | 嗜热脂肪芽孢杆菌 | 产气肠杆菌 | |
|---|---|---|---|---|
| | | | 生长状况 | 产气量 |
| 15 | | | | |
| 25 | | | | |
| 37 | | | | |
| 60 | | | | |

注：记录生长状况及产气量用以下符号表示：-表示不生长（不产气）；+表示生长较差（产气量较少）；++表示生长一般（产气量中等）；+++表示生长良好（产气量较多）。

## 思考题

1. 嗜热菌能感染人吗？为什么？

2. 实验中哪种微生物对高温的耐受力较强？为什么？

3. 温度对同一微生物的生长速率、代谢速率、代谢产物累积量的影响是否相同？研究它有何实践意义？

# 实验二十六　渗透压对微生物生长的影响

## 一、 实验目的

1. 了解渗透压对微生物生长的影响。
2. 掌握调节渗透压的方式。

## 二、 实验原理

溶液的渗透压是指溶液中溶质对水的吸引力。溶液渗透压的大小取决于单位体积溶液中溶质微粒的数目：溶质微粒越多，对水的吸引力越大，溶液渗透压越高；反过来，溶质微粒越少，对水的吸引力越弱，溶液渗透压越低。生命细胞中渗透压与无机盐、蛋白质的含量有关，无机盐离子中 $Na^+$和 $Cl^-$对渗透压贡献最多，90%以上细胞外液渗透压来源于 $Na^+$和 $Cl^-$。

细胞在不同渗透压环境中的生长情况不同（图 7-3）。在等渗溶液中，微生物正常生长繁殖，在高渗溶液（如高盐、高糖）中，细胞失水收缩，而水分是微生物生理生化反应所必需的，失水会抑制其生长繁殖；在低渗溶液中，细胞吸水膨胀，具有细胞壁的微生物在低渗溶液中一般不会像无细胞壁的细胞那样容易发生裂解，因此，受低渗透压的影响较小。不同类型微生物对渗透压变化的适应能力不尽相同，大多数微生物在 5～30g/L 的盐浓度范围内可正常生长，盐浓度为 100～150g/L 则会抑制大部分微生物的生长，但对嗜盐细菌而言，需要在高于 150g/L 的盐浓度环境中才能生长，而某些极端嗜盐菌可在盐浓度高达 300g/L 的条件下生长良好。

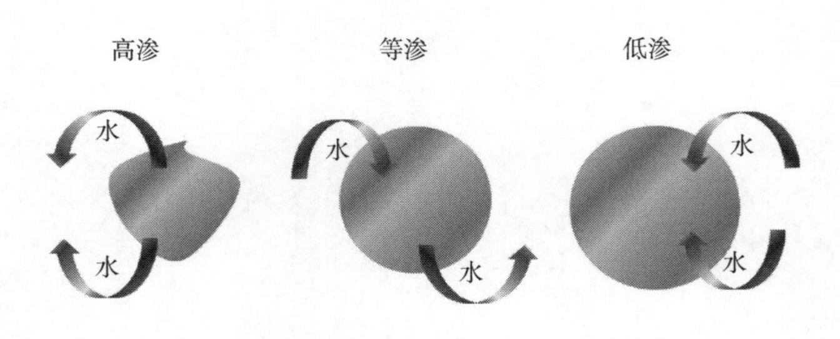


图 7-3　细胞在不同渗透压环境下的形态

## 三、 实验材料

1. 菌种

金黄色葡萄球菌（*Staphylococcus aureus*）、大肠杆菌（*Escherichia coli*）和盐沼盐杆

菌（*Halobacterium salinarium*）。

2. 培养基

分别含 10g/L NaCl、50g/L NaCl、100g/L NaCl、150g/L NaCl 及 250g/L NaCl 溶液的牛肉膏蛋白胨琼脂培养基。

3. 其他

无菌平皿、接种环、培养箱等。

## 四、实验步骤

（1）将不同 NaCl 浓度的牛肉膏蛋白胨琼脂培养基溶化、倒平板并标记盐浓度。

（2）在已凝固的平板皿底用记号笔分成三部分，分别标记上述三种菌名。

（3）无菌操作在相应区域分别划线接种金黄色葡萄球菌、大肠杆菌和盐沼盐杆菌。

（4）将上述平板置于 28℃ 培养箱中，培养 4d 后观察并记录三种菌的生长状况。

## 五、实验注意事项

同一平板接种 3 种不同菌株，注意不要交叉污染。

## 六、实验报告

将观察到的实验结果记录到表 7-4 中。

**表 7-4**　不同 NaCl 浓度下菌株生长情况

| 菌名 | NaCl 浓度/（g/L） | | | | |
|---|---|---|---|---|---|
| | 10 | 50 | 100 | 150 | 250 |
| 金黄色葡萄球菌 | | | | | |
| 大肠杆菌 | | | | | |
| 盐沼盐杆菌 | | | | | |

注：-表示不生长；+表示生长；++表示生长良好。

**思考题**

1. 列举几个在日常生活中人们利用渗透压来抑制微生物生长的例子。

2. 盐沼盐杆菌在哪种浓度的 NaCl 溶液中生长最好，其他浓度条件下是否生长？说明原因。

3. 金黄色葡萄球菌和大肠杆菌在不同 NaCl 溶液浓度条件下的生长状况有何区别？试解释原因。

# 实验二十七 pH 对微生物生长的影响

## 一、 实验目的

1. 了解 pH 对不同微生物生长的影响。
2. 学习和掌握最适 pH 的测定方法。

## 二、 实验原理

pH 是影响微生物生命活动的一个重要环境因素，它可改变蛋白质、核酸等生物大分子的电荷，也可引起细胞膜电荷变化，从而影响其生物活性；pH 还可改变环境中营养物质的可利用性或有害物质的毒性。不同微生物对 pH 条件的要求不同，可在一定程度上反映出其对环境的适应能力。微生物可在较宽的 pH 范围内生长，但对绝大多数微生物来说，都有一个可生长的 pH 范围和最适生长 pH。在实验室条件下，可根据不同类型微生物对 pH 要求的差异来选择性地分离某种微生物，例如，在 pH 10～12 的高盐培养基上可分离到嗜盐嗜碱细菌，分离真菌则一般用酸性培养基。

微生物细胞内环境中的 pH 很稳定（一般接近中性），但其生长、代谢的外环境 pH 却变化很大，同时微生物自身的代谢活动也会改变外环境的 pH。在实验室条件下配制的培养基含有糖类、脂肪、蛋白质等有机成分与各种无机盐成分，这些成分在微生物生命活动中会产酸或产碱，引起培养基 pH 的改变。培养基 pH 的变化会对微生物的生命活动造成不利影响。在微生物的发酵过程中，可通过加碱液、加适当氮源、提高通气量等方式提高 pH，或通过加酸、加适当碳源、降低通气量等方式降低 pH，也可在培养基中添加一些缓冲试剂，来平衡微生物生长过程中代谢产物对外环境 pH 的影响，使培养基的 pH 更有利于微生物生长和代谢。

## 三、 实验材料

1. 菌种

金黄色葡萄球菌（*Staphylococcus aureus*）、嗜酸乳杆菌（*Lactobacillus acidophius*）和盐沼盐杆菌（*Halobacterium salinarium*）。

2. 培养基

牛肉膏蛋白胨培养液：用 1mol /L NaOH 或 HCl 将培养液 pH 分别调至 3.0、5.0、7.0 和 9.0，分别装入 36 支试管（每个 pH 梯度 9 支试管）中，每管 5mL（约为试管的 1/4 高度），塞上棉塞，用牛皮纸将棉塞包好，棉线扎紧，121℃灭菌 20min。

3. 其他

无菌生理盐水、无菌吸管、1cm 比色杯、分光光度计。

## 四、 实验步骤

（1）无菌操作吸取适量无菌生理盐水加入到金黄色葡萄球菌、嗜酸乳杆菌和盐沼盐杆菌斜面试管中，制成菌悬液，使其 $OD_{600}$ 均为 0.1。

（2）将菌悬液吹打均匀，无菌操作吸取 0.1mL，接种于已灭菌的装有 5mL 不同 pH（3.0、5.0、7.0 和 9.0）的牛肉膏蛋白胨液体培养基的试管中（每个菌种、每个 pH 对应 3 支试管）。

（3）将接种好的试管置于 37℃ 培养 24~48h。

（4）培养结束后，根据菌液的混浊程度初步判断微生物在不同 pH 下的生长情况。进一步采用分光光度计测定培养物的 $OD_{600}$ 值，用精细 pH 试纸或 pH 计测量发酵液的 pH。

## 五、 实验注意事项

1. 接种的时候需要吹打均匀，保证每个试管接种量一致。

2. 高温灭菌后培养基的 pH 会有一定变化，培养基灭菌后调节 pH 会增加污染的概率。

## 六、 实验报告

将实验结果记录到表 7-5 中。

**表 7-5** 不同 pH 下菌株生长情况

| 菌名 | $OD_{600}$ | | | | 发酵液 pH | | | |
|---|---|---|---|---|---|---|---|---|
| | pH3.0 | pH5.0 | pH7.0 | pH9.0 | pH3.0 | pH5.0 | pH7.0 | pH9.0 |
| 金黄色葡萄球菌 | | | | | | | | |
| 嗜酸乳杆菌 | | | | | | | | |
| 盐沼盐杆菌 | | | | | | | | |

### 思考题

1. 微生物生长过程中引起培养基 pH 改变的原因有哪些？

2. 实验室配制培养基时，哪些成分可作为调节 pH 的天然缓冲系统？

第八章

# 微生物的代谢实验

新陈代谢是生命的基本特征之一。微生物代谢的特点是代谢旺盛、代谢类型多样，从而使微生物在工农业生产、自然界物质循环和生态系统中起着十分重要的作用。

### （一） 微生物对生物大分子的分解利用

微生物在生长繁殖过程中，需从外界环境吸收营养物质。外界环境中的小分子有机物质可被微生物直接吸收，而大分子有机物则不能被微生物直接吸收，它们需经微生物分泌的胞外酶将其分解为小分子有机物，才能被吸收利用。例如，生物大分子中的淀粉、蛋白质、脂肪等需经微生物分泌的胞外酶，如淀粉酶、蛋白酶、脂肪酶分别分解为糖、肽、氨基酸、脂肪酸等之后，才能被微生物吸收而进入细胞。不同微生物分解利用生物大分子能力各有不同。只有那些能够产生并分泌胞外酶的微生物才能利用大分子有机物。

## 实验二十八　淀粉水解实验

### 一、 实验目的

1. 通过了解不同细菌对淀粉分解利用情况，认识微生物代谢类型多样性。
2. 进一步学习平板接种法。

### 二、 实验原理

微生物对淀粉这种大分子不能直接利用，必须依靠其产生的胞外酶将大分子物质水解才能被微生物吸收利用。胞外酶主要为水解酶，通过加水裂解大的物质为较小的化合物，使其能被运输至细胞内。某些细菌能够分泌淀粉酶（胞外酶），将淀粉水解为麦芽糖和葡萄糖，再被细菌吸收利用。淀粉遇碘液会产生蓝色，但细菌水解淀粉的区域，用碘液检测时不产生蓝色，却形成透明圈，表明细菌能够代谢产生淀粉酶，其水解圈的大小表示淀粉酶活力的强弱；如不产生淀粉酶，则菌落周围部位遇到碘液呈蓝色。

## 三、 实验材料

1. 菌种

枯草芽孢杆菌、大肠杆菌。

2. 培养基

淀粉培养基（蛋白胨 10g、氯化钠 5g、牛肉膏 5g、可溶性淀粉 2g、琼脂 15～20g、蒸馏水 1000mL）。

3. 其他

碘液、三角瓶、培养皿、接种针、接种环等。

## 四、 实验步骤

1. 淀粉水解实验

将装有淀粉培养基的锥形瓶置于沸水浴中溶化，然后取出冷却至 50℃左右，立即倾入培养皿中，待凝固后制成平板。翻转平板使底皿背面向上，用记号笔在其背面玻璃上划成两半，一半用于接种枯草芽孢杆菌作为阳性对照菌，另一半用于接种实验菌。大肠杆菌接种时用接种环取少量菌在平板两边各划“十”字（图 8-1）。将接完种的平板倒置于 37℃恒温箱中，培养 24h。观察结果时，可打开皿盖，滴加少量卢戈氏碘液于平板上，轻轻旋转，使碘液均匀铺满整个平板。如菌体周围出现无色透明圈，则说明淀粉已被水解。透明圈的大小，说明该菌水解淀粉能力的强弱。

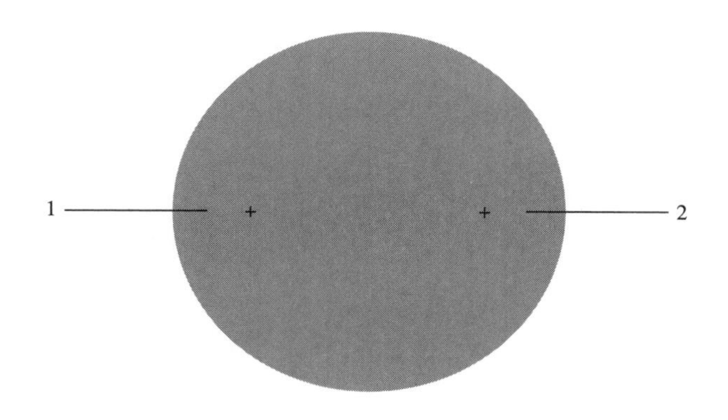


图 8-1　淀粉水解实验接种示意图

1—枯草芽孢杆菌　2—实验菌

2. 卢戈氏碘液（Lugol's iodine solution）的制备

碘片 1g、碘化钾 2g、蒸馏水 300mL。配制卢戈氏碘液时，先将碘化钾溶解在少量水中，再将碘片溶解在碘化钾溶液中，待碘全部溶解后，补足水分即可。

## 五、 实验注意事项

1. 火焰灭菌接种时，注意不要将手或皮肤部位烫伤。
2. 平板接种时，注意接种环不能将培养基划破。

## 六、 实验报告

记录细菌对淀粉分解利用的各项实验及其结果。

**思考题**

淀粉生物大分子物质能否不经分解而直接被细菌吸收？为什么？

# 实验二十九　明胶液化实验

## 一、 实验目的

1. 通过了解不同细菌对明胶分解利用情况，认识微生物代谢类型的多样性。
2. 进一步学习穿刺接种法。

## 二、 实验原理

明胶是一种动物蛋白。明胶培养基本身在低于20℃时凝固，高于25℃则自行液化。某些细菌能够产生蛋白酶（胞外酶），将明胶水解成小分子物质，因此，培养后的培养基即使在低于20℃的温度下，明胶也不再凝固，而由原来的固体状态变为液体状态。

## 三、 实验材料

1. 菌种

大肠杆菌、产气肠杆菌。

2. 培养基

明胶液化培养基（牛肉膏蛋白胨液100mL、明胶12~18g、pH 7.2~7.4）。

3. 其他

试管、三角瓶、接种针等。

## 四、 实验步骤

用穿刺接种法分别接种大肠杆菌或产气肠杆菌于明胶培养基中（图8-2）。接种后置于20℃恒温箱中，培养24h观察结果时，注意培养基有无液化情况及液化后的形状。

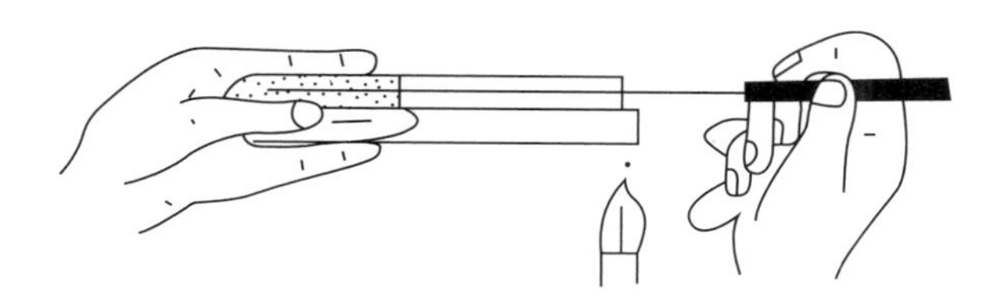

图8-2　明胶液化实验接种示意图

## 五、 实验注意事项

1. 火焰灭菌接种时，注意不要将手或皮肤部位烫伤。
2. 穿刺接种时，注意接种针垂直或平行插入。

## 六、实验报告

记录细菌对明胶分解利用的各项实验及其结果。

思考题

1. 明胶生物大分子物质能否不经分解而直接被细菌吸收？为什么？
2. 明胶液化试验中，为什么只能将接种后的培养基置于20℃恒温箱中培养？

# 实验三十　油脂水解实验

## 一、实验目的

1. 通过了解不同细菌对油脂分解利用情况，认识微生物代谢类型多样性。
2. 掌握油脂分解的基本原理。

## 二、实验原理

某些细菌能够分泌脂肪酶（胞外酶），将培养基中的脂肪水解为甘油和脂肪酸。所产生的脂肪酸，可通过预先加入油脂培养基中的中性红加以指示［指示范围 pH 6.8（红）至 pH 8.0（黄）］。当细菌分解脂肪产生脂肪酸时，培养基中出现红色斑点。

## 三、实验材料

1. 菌种

大肠杆菌、金黄色葡萄球菌、产气肠杆菌。

2. 培养基

油脂培养基（蛋白胨 10g、牛肉膏 5g、氯化钠 5g、香油 10g、1.6%中性红 1mL、琼脂 15~20g、蒸馏水 1000mL、pH 7.2）。

3. 其他

三角瓶、培养皿、接种环等。

## 四、实验步骤

将装有油脂培养基的锥形瓶置于沸水浴中溶化，取出并充分振荡（使油脂均匀分布），再倾入培养皿中，待凝固后制成平板。翻转平板使底皿背面向上，用记号笔在其背面玻璃上划成两半。一半用于接种金黄色葡萄球菌作为阳性对照菌，另一半用于接种实验菌大肠杆菌或产气肠杆菌，如图 8-3 所示。接种时用接种环取少量菌在平板两边各

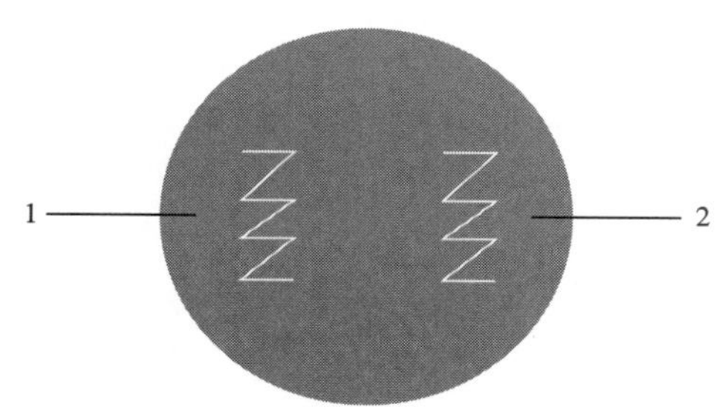


图 8-3　油脂水解实验接种示意图

1—金黄色葡萄球菌　2—实验菌

划线接种。将接种完的平板倒置于37℃恒温箱中，培养24h。观察结果时，注意观察平板上长菌的地方，如出现红色斑点，即说明脂肪已被水解，此为阳性反应。

## 五、实验注意事项

1. 火焰灭菌接种时，注意不要将手或皮肤部位烫伤。
2. 平板接种时，注意接种环不能将培养基划破。

## 六、实验报告

记录细菌对油脂分解利用的各项实验及其结果。

思考题

油脂能否不经分解而直接被细菌吸收？为什么？

### （二）微生物对含碳化合物的分解利用

不同细菌对不同含碳化合物分解利用能力、代谢途径、代谢产物不完全相同。例如，有的细菌发酵葡萄糖产生有机酸；而另一些细菌则发酵葡萄糖产生中性的乙酰甲基甲醇等。此外微生物对含碳化合物的分解利用的生化反应也是菌种鉴定的重要依据。

# 实验三十一　糖或醇发酵实验

## 一、实验目的

1. 了解细菌分解利用含碳化合物的生化反应在细菌鉴定中的重要作用。
2. 进一步学习液体接种法。

## 二、实验原理

细菌分解糖或醇（如葡萄糖、乳糖、蔗糖、甘露醇、甘油）的能力有很大的差异。有些细菌发酵某种糖后产生各种有机酸（如乳酸、乙酸、甲酸、琥珀酸）及各种气体（如 $H_2$、$CO_2$、$CH_4$）。有的细菌只产酸不产气，酸的产生可利用指示剂来指示。在配制培养基时可预先加入溴甲酚紫［pH 5（黄）至 pH 7（紫）］，当细菌发酵糖产酸时，可使培养基由紫色变为黄色。气体的产生可由糖发酵管中倒置的杜氏小管中有无气泡来证明。

## 三、实验材料

1. 菌种

大肠杆菌、产气肠杆菌。

2. 培养基

乳糖发酵培养基（20%乳糖 10mL、蛋白胨 10g、氯化钠 10g、1.6%溴甲酚紫乙醇溶液 1~2mL、蒸馏水 1000mL、pH 7.6）。

3. 其他

试管、接种环等。

## 四、实验步骤

乳糖发酵试验：取制备好的大肠杆菌和产气肠杆菌菌悬液 1mL 接种于两支装有 10mL 乳糖发酵培养基的试管中（乳糖发酵培养基先放入倒置的杜氏小管）。置于 37℃恒温箱中，培养 24h。另外保留一支不接种的培养基。观察颜色变化并记录实验结果。产酸又产气用“⊕”表示；只产酸不产气用“+”表示；不产酸也不产气用“-”表示。

## 五、 实验注意事项

1. 杜氏小管应先加入乳糖发酵培养基，再缓慢将杜氏小管用玻璃棒送入到试管底部。

2. 菌种接种时注意不要远离酒精灯。

3. 配制用的试管必须洗干净，避免结果混乱。

## 六、 实验报告

记录细菌对乳糖分解利用的各项实验及其结果。

思考题

在乳糖发酵实验中，为什么大肠杆菌发酵乳糖能产酸产气？为什么产气肠杆菌发酵葡萄糖不产酸不产气？

# 实验三十二　甲基红实验

## 一、 实验目的

1. 了解细菌分解利用含碳化合物的生化反应在细菌鉴定中的重要作用。
2. 进一步学习液体接种法。

## 二、 实验原理

某些细菌在糖代谢过程中，吸收培养基中的糖，然后分解为丙酮酸，丙酮酸再被分解为甲酸、乙酸、乳酸等。酸的产生可由加入甲基红指示剂的变色而指示。甲基红的变色范围 pH 4.2（红色）至 pH 6.3（黄色）。细菌分解葡萄糖产酸，则培养液由原来的橘黄色变为红色，此为甲基红的阳性反应（图 8-4）。即甲基红实验（MR 实验）。

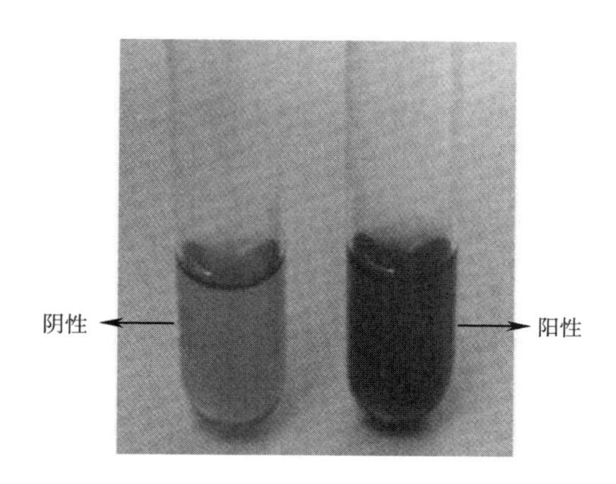


图 8-4　甲基红实验结果

## 三、 实验材料

1. 菌种

大肠杆菌、产气肠杆菌。

2. 培养基

葡萄糖蛋白胨培养基（蛋白胨 5g、葡萄糖 5g、磷酸氢二钾 2g、蒸馏水 1000mL、pH 7.0~7.2）。

3. 其他

甲基红试剂（甲基红 0.04g、95%乙醇 60mL、蒸馏水 40mL）、试管、接种环等。

## 四、 实验步骤

分别将大肠杆菌和产气肠杆菌接种于葡萄糖蛋白胨培养基中。置于37℃恒温箱中，培养24h。观察结果时，沿管壁加入甲基红试剂3~4滴，培养基变红色者为阳性，变黄色者为阴性。

## 五、 实验注意事项

菌种接种时注意不要远离酒精灯。

## 六、 实验报告

记录细菌对葡萄糖分解利用各项实验及其结果。

**思考题**

甲基红实验的中间代谢产物和最终代谢产物各是什么？

# 实验三十三　乙酰甲基甲醇实验

## 一、实验目的

1. 了解细菌分解利用含碳化合物的生化反应在细菌鉴定中的重要作用。
2. 进一步学习液体接种法。

## 二、实验原理

某些细菌在糖代谢过程中，分解葡萄糖产生丙酮酸，丙酮酸通过缩合和脱羧生成乙酰甲基甲醇，然后被还原成2,3-丁二醇。乙酰甲基甲醇在碱性条件下，被氧化成二乙酰，二乙酰可与培养基中蛋白胨中的精氨酸的胍基作用，生成红色化合物（图8-5），此为乙酰甲基甲醇实验（VP实验）的阳性反应。不产生红色化合物则为阴性。沙雷氏菌、阴沟肠杆菌等乙酰甲基甲醇反应阳性，大肠杆菌、沙门氏菌、志贺氏菌等乙酰甲基甲醇反应阴性。为了使反应更为明显，往往在培养基中加入含有胍基的化合物，如肌酸、肌酐或萘酚等，从而加速反应。

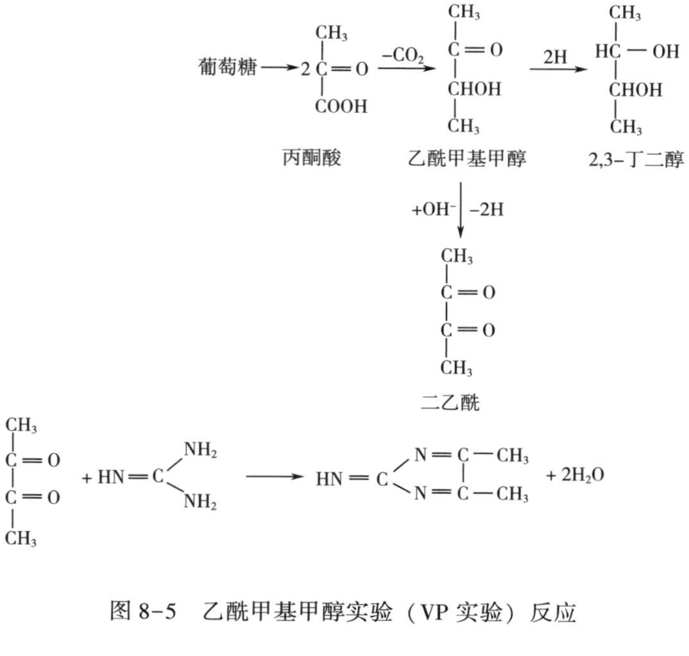

葡萄糖 → 2 $CH_3-C(=O)-COOH$（丙酮酸） $\xrightarrow{-CO_2}$ $CH_3-C(=O)-CHOH-CH_3$（乙酰甲基甲醇） $\xrightarrow{2H}$ $CH_3-HC(OH)-CHOH-CH_3$（2,3-丁二醇）

乙酰甲基甲醇 $\xrightarrow{+OH^-,\ -2H}$ $CH_3-C(=O)-C(=O)-CH_3$（二乙酰）

$$CH_3-C(=O)-C(=O)-CH_3 + HN=C(NH_2)_2 \longrightarrow HN=C\langle{}^{N=C-CH_3}_{N=C-CH_3} + 2H_2O$$

图8-5　乙酰甲基甲醇实验（VP实验）反应

## 三、 实验材料

1. 菌种

大肠杆菌、产气肠杆菌。

2. 培养基

葡萄糖蛋白胨培养基（蛋白胨 7g、葡萄糖 5g、磷酸氢二钾 5g、蒸馏水 1000mL、pH 7.2）。

3. 其他

400g/L KOH 溶液、α-萘酚溶液、3%~10%$H_2O_2$ 溶液、试管、载玻片、接种环等。

## 四、 实验步骤

分别将大肠杆菌和产气肠杆菌接种于葡萄糖蛋白胨培养基中，置于 37℃恒温箱中，培养 24h。观察并记录实验结果，在培养液中加入 400g/L KOH 溶液 10~20 滴，再加入等量的 α-萘酚溶液，拔去棉塞，用力振荡，再放入 37℃温箱中保温 15~30min（或在沸水浴中加热 1~2min）。如培养液出现红色为乙酰甲基甲醇阳性反应。

## 五、 实验注意事项

菌种接种时注意不要远离酒精灯。

## 六、 实验报告

记录细菌对含碳化合物分解利用各项实验及其结果。

**思考题**

甲基红实验与乙酰甲基甲醇实验的中间代谢产物和最终代谢产物有何异同？为什么最终产物会有不同？

### （三）微生物对含氮化合物的分解利用

不同细菌对不同含氮化合物的分解利用能力、代谢途径、代谢产物等不完全相同。例如，某些细菌分解色氨酸产生吲哚；某些细菌分解含硫氨基酸产生硫化氢；某些细菌分解氨基酸产氨；某些细菌将苯丙氨酸氧化脱氨，形成苯丙酮酸；以及某些细菌能够将硝酸盐还原为亚硝酸，或进一步还原成氨或氮等。此外，微生物对含氮化合物的分解利用的生化反应也是菌种鉴定的重要依据。

# 实验三十四　吲哚实验

## 一、实验目的

1. 了解细菌对含氮化合物分解利用的生化反应在细菌鉴定中的重要作用。
2. 进一步学习液体接种方法。

## 二、实验原理

有些细菌产生色氨酸酶，分解蛋白胨中的色氨酸，产生吲哚和丙酮酸。吲哚与对二甲基氨基苯甲醛结合，形成红色的玫瑰吲哚，其反应如图 8-6 所示。但并非所有的微生物都具有分解色氨酸产生吲哚的能力，因此，吲哚实验可以作为一个生物化学检测的指标。

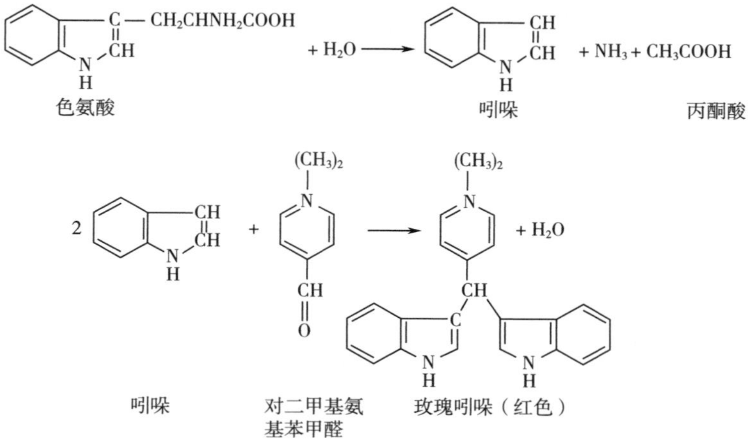

$C—CH_2CHNH_2COOH$ + $H_2O$ → 吲哚 + $NH_3$ + $CH_3COOH$

色氨酸　　吲哚　　丙酮酸

2 吲哚 + 对二甲基氨基苯甲醛 → 玫瑰吲哚（红色） + $H_2O$

吲哚　　对二甲基氨基苯甲醛　　玫瑰吲哚（红色）

图 8-6　吲哚实验反应

## 三、实验材料

1. 菌种

大肠杆菌、产气肠杆菌。

2. 培养基

蛋白胨水培养基（蛋白胨 10g、氯化钠 5g、蒸馏水 1000mL、pH 7.6）。

3. 其他

乙醚、吲哚试剂、试管、接种环等。

## 四、 实验步骤

将大肠杆菌或产气肠杆菌接种于蛋白胨水培养基中，置于 37℃ 恒温箱中培养 24h。观察结果时，在培养液中加入乙醚约 1mL（使呈明显的乙醚层）。充分振荡，使吲哚溶于乙醚中，静置片刻，待乙醚层浮于培养液上面时，沿管壁慢慢加入吲哚试剂 10 滴。如吲哚存在，则乙醚层呈现玫瑰红色。

## 五、 实验注意事项

1. 菌种尽可能多接种于培养基中，吲哚显色才明显。
2. 菌种接种时注意不要远离酒精灯。
3. 加入吲哚试剂后，不可再摇动，否则红色不明显。

## 六、 实验报告

记录细菌对吲哚分解利用各项实验及其结果。

### 思考题

1. 在吲哚实验中，细菌分解何种氨基酸？
2. 总结一下大肠杆菌形态观察及生理生化反应所得结果，其中哪些反应最具代表性？

# 实验三十五 产硫化氢实验

## 一、 实验目的

1. 了解细菌对含氮化合物分解利用的生化反应在细菌鉴定中的重要作用。
2. 进一步学习穿刺接种方法。

## 二、 实验原理

有些细菌能分解含硫氨基酸（如胱氨酸、半胱氨酸、甲硫氨酸等）产生硫化氢，硫化氢遇培养基中的铅盐或铁盐，可产生黑色硫化铅或硫化铁沉淀，从而可确定硫化氢的产生。

半胱氨酸分解反应：

$$CH_2SHCHNH_2COOH+H_2O \longrightarrow CH_3COCOOH+H_2S\uparrow+NH_3\uparrow$$

硫化氢与铅盐或铁盐的反应：

$$H_2S+Pb(CH_3COO)_2 \longrightarrow PbS\downarrow+2CH_3COOH$$

$$H_2S+FeSO_4 \longrightarrow FeS\downarrow+H_2SO_4$$

## 三、 实验材料

1. 菌种

大肠杆菌、普通变形杆菌。

2. 培养基

柠檬酸铁铵半固体培养基（蛋白胨 2g、柠檬酸铁铵 0. 05g、氯化钠 0. 5g、硫代硫酸钠 0. 05g、琼脂 0. 5~0. 8g、蒸馏水 100mL、pH 7. 2）。

3. 其他

试管、接种针等。

## 四、 实验步骤

取两支柠檬酸铁铵半固体培养基，分别穿刺接种大肠杆菌及普通变形杆菌。置于37℃恒温箱中培养 24h，观察结果，如培养基中出现黑色沉淀者为阳性反应。同时注意观察接种线周围有无向外扩展情况，如有扩展表示该菌具有运动能力。

## 五、 实验注意事项

1. 菌种尽可能多接种于培养基中，运动能力的判别才明显。
2. 菌种接种时注意不要远离酒精灯。

## 六、 实验报告

记录细菌对含硫氨基酸分解利用各项实验及其结果。

思考题

总结一下大肠杆菌形态观察及生理生化反应所得结果，其中哪些反应最具代表性？

# 实验三十六 硝酸盐还原实验

## 一、 实验目的

1. 了解细菌对含氮化合物分解利用的生化反应在细菌鉴定中的重要作用。
2. 进一步学习斜面接种方法。

## 二、 实验原理

有些细菌能将硝酸盐还原为亚硝酸盐，而另一些细菌还能进一步将亚硝酸盐还原为一氧化氮、一氧化二氮和氮。如果细菌能将硝酸盐还原为亚硝酸盐，它可与格氏亚硝酸试剂反应产生粉红色或红色化合物。亚硝酸盐与格氏亚硝酸试剂的反应如图 8-7 所示。

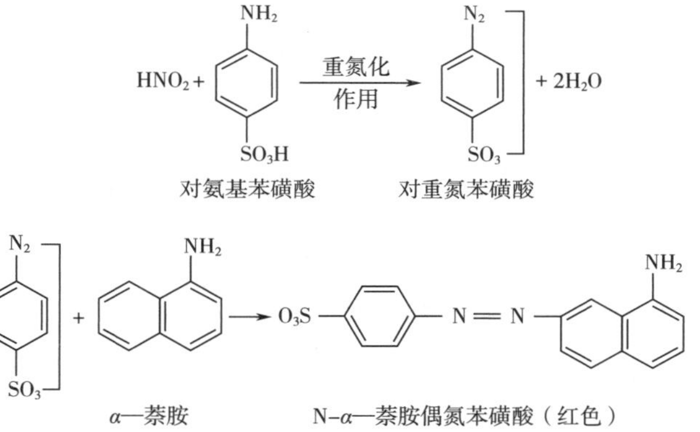

图 8-7 亚硝酸盐与格氏亚硝酸试剂的反应

如果在培养液中加入格氏亚硝酸试剂后，溶液不出现红色，则存在两种可能性：细菌不能将硝酸盐还原为亚硝酸盐，故培养液中不存在亚硝酸盐，但应仍有硝酸盐存在，此为阴性反应；细菌能将硝酸盐还原为亚硝酸盐，而且还能进一步把亚硝酸盐还原为氨和氮。故培养液中应该既无亚硝酸盐存在，也无硝酸盐存在，此为阳性反应。

检查培养液中是否有硝酸盐存在的方法：可在培养液中加入锌粉（使硝酸盐还原为亚硝酸盐），再加入格氏亚硝酸试剂，溶液呈红色，说明硝酸盐存在；如溶液不呈红色，说明硝酸盐不存在。

## 三、 实验材料

1. 菌种

大肠杆菌、产气肠杆菌。

2. 培养基

硝酸盐还原实验培养基（蛋白胨 1g、氯化钠 0.5g、硝酸钾 0.1～0.2g、蒸馏水 100mL、pH 7.4）。

3. 其他

格氏试剂（A 液：对氨基苯磺酸 0.5g，10%稀乙酸 150mL；B 液：α-萘胺 0.1g，蒸馏水 20mL，10%稀乙酸 150mL）、试管、接种环、锌粉等。

## 四、 实验步骤

接种大肠杆菌或产气肠杆菌于硝酸盐还原实验培养基中，置于 37℃恒温箱中培养 48h。另外保留一支不接种的硝酸盐培养基作为对照。把对照管分成两管，在其中的一管中加入少量锌粉，加热，再加入格氏试剂，如出现红色，说明培养基中存在着硝酸盐；把接种过的培养液也分成两管，其中一管加入格氏试剂 A 液、B 液，如出现红色，则为阳性反应。如不出现红色，则在另一管中加入少量锌粉，并加热，再加入亚硝酸试剂，如出现红色，则证明硝酸盐仍存在，此为阴性反应。如不出现红色，则说明硝酸盐已被还原，应为阳性反应。

## 五、 实验注意事项

1. 菌种尽可能多接种于培养基中，显色才明显。
2. 菌种接种时注意不要远离酒精灯。

## 六、 实验报告

记录细菌对含硝酸盐化合物分解利用各项实验及其结果。

思考题

总结一下产气杆菌形态观察及生理生化反应所得的结果，其中哪些反应最具代表性？

# 第九章

# 微生物分子生物学基础实验

## 实验三十七　细菌质粒 DNA 的小量制备

### 一、 实验目的

1. 了解质粒 DNA 分离和提取的基本原理。
2. 掌握细菌质粒 DNA 小量制备的方法。

### 二、 实验原理

质粒（图 9-1）是细胞中除染色体之外能够独立遗传的共价闭合双链 DNA 分子，它存在于细菌和其他一些生物体内，能赋予宿主细胞表型，例如，抗药性、分解复杂有机物的能力。野生质粒经过改造后可以作为生物品种改良和基因工程的载体，具有极广泛的应用价值。因此，质粒 DNA 的分离与提取是现代分子生物学中最常用、最基本的实验技术之一。

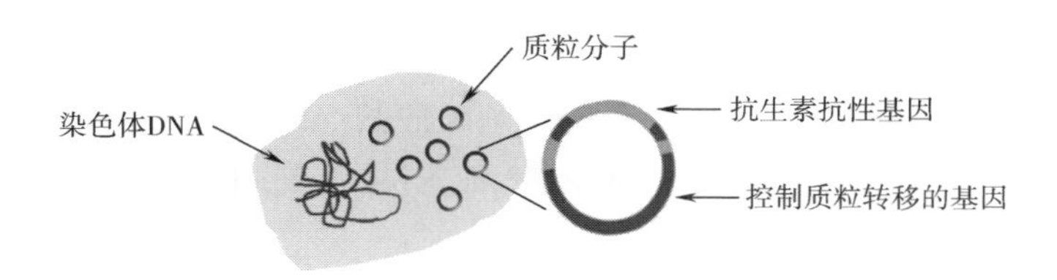


图 9-1　大肠杆菌质粒分子结构示意图

质粒 DNA 的提取是指通过一定方法将其从细胞中分离出来，且不掺杂其他生物大分子物质，例如蛋白质、染色体 DNA 和 RNA 的过程。细菌质粒提取的方法众多，常用的有碱裂解法、煮沸法、氯化铯-溴化乙锭梯度平衡超离心法等。碱裂解法的基本原理是在 pH 12.0~12.6 的碱性条件下，细胞中染色体 DNA 和质粒 DNA 分子均会发生变性，氢键断裂，双链分子变成单链。不同的是，线形的染色体 DNA 分子变性充分，双螺旋结构完全解开；而质粒 DNA 由于其闭合环状结构，氢键仅发生部分断裂，两条互补链彼此仍互相盘绕。因此当环境条件恢复至中性时，已经完全分开的染色体 DNA 互补链将无法恢复至原有构型，而部分变性的质粒 DNA 则可以迅速复性。变性的染色体 DNA、不稳定的大分子 RNA、蛋白质和破裂的细胞壁等成分相互缠绕形成难溶复合物，通过离心一起沉淀下来而被去除。而可溶性的质粒 DNA 则存在于上清液中，可通过苯酚、氯仿抽提或乙醇沉淀的方法进行提纯。

随着分析技术的发展，各类商品试剂盒的出现极大地简化和方便了质粒 DNA 的提取过程。目前，多数公司生产的商品化质粒小量提取试剂盒多以碱裂解法为基础，采用不同的吸附材料进行质粒分离，主要有离心柱法和磁珠法两种。离心柱法利用特殊硅基质膜在不同 pH 和盐离子浓度下对质粒的吸附能力不同而分离出质粒；磁珠法则采用超顺磁性的硅羟基磁珠在高盐条件下吸附质粒、低盐条件下洗脱释放质粒的特性，进行质粒的分离和纯化。试剂盒法方便快捷，无需苯酚、氯仿抽提，得到的质粒 DNA 纯度较高，可直接用于测序、连接和转化，以及部分细胞系的转染等高精度分子生物学实验，因此得到越来越多研究人员的青睐。

本实验以大肠杆菌的 pUC18 质粒为例，分别介绍通过经典的碱裂解法和试剂盒进行质粒 DNA 的小量制备。

## 三、 实验材料

1. 菌种

大肠杆菌 DH5α/pUC18（$Amp^r$）。大肠杆菌 DH5α/pUC18（$Amp^r$）是指大肠杆菌 DH5α 细胞中含有质粒 pUC18，该质粒上携带有氨苄青霉素抗性基因，因此，该菌对一定浓度的氨苄青霉素具有抗性。

2. 培养基

含氨苄青霉素（Amp，100μg/mL）的溶菌肉汤（LB）液体和固体培养基。

3. 溶液和试剂

溶液Ⅰ：50mmol/L 葡萄糖、10mmol/L 乙二胺四乙酸二钠（EDTA）、25mmol/L Tris-HCl（pH 8.0），溶液可配制成 100mL，121℃灭菌 15min，4℃贮存；

溶液Ⅱ：0.2mol/L NaOH、10g/L 十二烷基硫酸钠（SDS），新鲜配制；

溶液Ⅲ：60mL 5mol/L 乙酸钾，加冰乙酸调至 pH 4.8，补充双蒸水至 100mL；

溶液Ⅳ：苯酚：氯仿：异戊醇=25：24：1；

TE 缓冲液：10mmol/L Tris-HCl（pH 8.0）、1mmol/L EDTA（pH 8.0），121℃灭菌 15min，4℃贮存；

10μg/mL 无脱氧核糖核酸酶（DNase）的核糖核酸酶（RNase）、100%预冷乙醇。

4. 仪器和其他用品

超净工作台、恒温摇床、旋涡混合器、台式高速离心机、微量离心管（Eppendorf Tubes®）、微量加样器等，东纳生物质粒小提试剂盒（磁珠法）（或其他公司产品）。

## 四、 实验步骤

### （一）碱裂解法

1. 细菌培养

挑取大肠杆菌 DH5α/pUC18 单一菌落于盛有 5mL LB 培养基（含 100μg/mL 氨苄青霉素）的试管中，置于 37℃下振荡培养过夜（250r/min，16~24h）。

2. 细菌收集与裂解

（1）吸取 1.5mL 培养菌液于微型塑料离心管中，离心（12000r/min，30s）后弃去上清，留下细胞沉淀。

（2）加入 100μL 冰预冷的溶液Ⅰ，在旋涡混合器上强烈振荡混匀，使样品完全散开。

（3）加入 200μL 溶液Ⅱ，盖严管盖后，反复颠倒离心管 5~6 次，或用手指弹动离心管数次，以混合内容物，使细菌完全裂解，置冰浴 3~5min（注意不要强烈振荡，以免染色体 DNA 断裂成小片段而不易与质粒 DNA 分开）。

（4）加入 150μL 溶液Ⅲ，在旋涡混合器上快速短时（约 2s）振荡混匀，或将管倒置温和振荡 10s，置冰浴 3~5min（确保完全混匀，又不致使染色体 DNA 断裂成小片段）。

（5）离心（12000r/min，5min）以沉淀染色体 DNA 和细胞碎片，取上清转移至另一洁净离心管中。

3. 质粒 DNA 的纯化

（1）加入等体积的溶液Ⅳ，振荡混匀，离心（12000r/min，2min）后小心吸取上层水相至另一洁净离心管中。

（2）加入 2 倍体积的冷无水乙醇，于室温下静置 2min，以沉淀核酸。

（3）离心（12000r/min，5min），弃去上清，加入 1mL70%乙醇，振荡漂洗质粒 DNA 沉淀。

（4）再次离心、弃去上清，可见质粒 DNA 沉淀附于离心管壁上，用记号笔标记其位置，并用已消毒的滤纸小条小心吸净管壁上残留的乙醇，将离心管倒置在滤纸上，于室温下蒸发痕量乙醇 10~15min。

（5）待沉淀干燥后，加入 50μL TE 缓冲液（含 20μg/mL RNase,），充分混匀，使 DNA 完全溶解后贮存于-20℃冰箱保存备用。

### （二）试剂盒法

1. 细菌培养

从平板培养基上挑取单菌落接种至液体培养基中，过夜培养。

2. 细菌收集与裂解

（1）取 1~2mL 菌液（$OD_{660}$ = 1.7~2.0）于离心管中，离心（12000r/min，1min），弃上清。

（2）向离心管中加入 250μL 裂解液 R1（含 RNase A）充分悬浮细菌沉淀。

（3）向离心管中轻柔加入 250μL 裂解液 R2，温和地上下翻转离心管 5~6 次，使菌体充分裂解，形成透明溶液。

（4）向离心管中轻柔加入 350μL 裂解液 R3，立即温和地上下翻转离心管 5~6 次，此时可见白色絮状沉淀，离心（12000r/min，5min）。

3. 质粒 DNA 的纯化

（1）吸取 750μL 上清于另一干净离心管（2mL）中，加入 1mL 无水乙醇，颠倒混匀 10s，再向离心管中加入 50μL 磁珠，轻柔振荡混匀，室温静置 3min，其间颠倒混匀 2~3 次。

（2）将离心管置于磁力架或磁铁上进行磁分离，用移液器小心去除上清。

（3）向离心管中加入 1mL 无水乙醇，轻柔混匀 1min，将离心管置于磁力架或磁铁上进行磁分离，弃上清液。

（4）向离心管中加入 300μL 洗涤液，轻柔混匀 1min，将离心管置于磁力架或磁铁上进行磁分离，弃上清液。

（5）从磁力架或磁铁上取下离心管，加入 600μL 漂洗液（使用前预先配制 75% 乙醇），轻柔混匀 1min，将离心管置于磁力架或磁铁上进行磁分离，弃上清液。

（6）重复步骤（5）。

（7）室温开盖晾干 5~10min（可将离心管开盖置于超净工作台或吹风机冷风口），至乙醇完全挥发（侧面观察磁珠无反光；反面观察磁珠颜色由棕黑色变为深褐色，边缘龟裂；无液体挂壁）。

（8）从磁力架或磁铁上取下离心管，加入 100μL 洗脱液，振荡混匀，56℃ 水浴 10min，每隔 2~3min 轻摇离心管混匀 3~5 次。

（9）将离心管置于磁力架或磁铁上进行磁分离，小心吸取上清至另一干净离心管中，所得上清即目的质粒 DNA，可直接进行下游实验或于适当条件保存。

操作过程中其余注意事项见试剂盒使用说明。如图 9-2 所示为磁珠法质粒提取试剂盒的操作步骤。

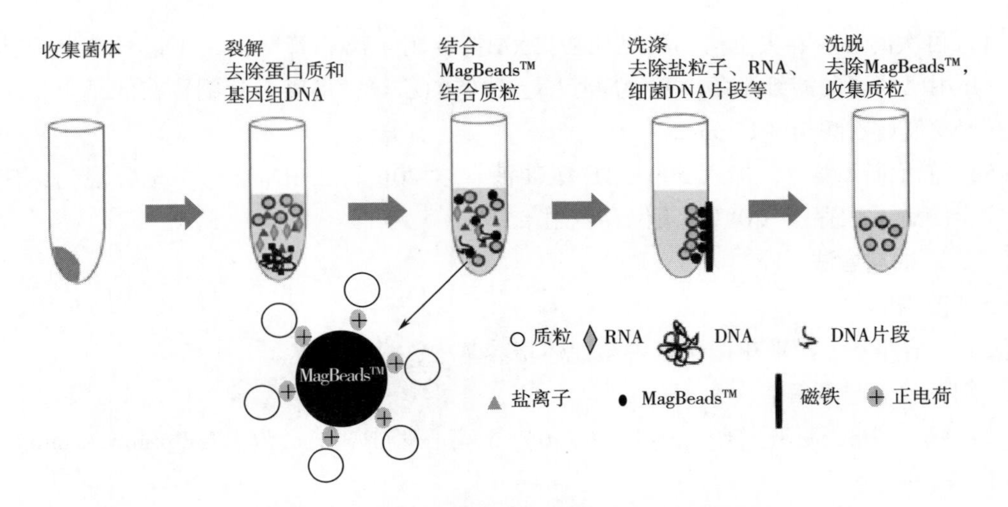


图 9-2　磁珠法质粒提取试剂盒操作步骤

## 五、 实验注意事项

1. 实验所用乙醇和氯仿均为挥发性和易燃液体，使用时务必远离火焰；苯酚等试剂对人体有毒，操作过程需佩戴手套，并注意防护。

2. 一般选择处于生长对数期或对数期后期的宿主细菌进行质粒提取，以获得高拷贝数质粒和提取得率。

## 六、 实验报告

用图文结合的方式，详细描述采用碱裂解法提取质粒 DNA 的过程。

思考题

分别简述溶液Ⅰ、Ⅱ、Ⅲ的作用是什么。

# 实验三十八　质粒 DNA 的转化

## 一、实验目的

1. 学习通过 $CaCl_2$溶液诱导产生感受态细胞。

2. 掌握常用的质粒 DNA 转化实验技术。

## 二、实验原理

转化是指将外源质粒 DNA 分子导入受体细胞，使之获得新的遗传特性的过程，是分子遗传、基因工程等研究领域的一项基本实验技术。为了避免对导入的外源 DNA 分子进行切割，用于转化的受体细胞一般是限制修饰系统缺陷的变异株，即不含限制性内切酶和甲基化酶的突变体（$R^-M^-$）。此外，为了方便检测，受体菌一般应具有可选择的标记，如抗生素敏感性、颜色变化等。质粒 DNA 能否顺利进入受体细胞还与该细胞所处的生理状态有关。通过物理、化学方法，例如，电击法、$CaCl_2$溶液、KCl 溶液等诱导处于对数生长期或对数生长前期的受体细胞，可使其细胞膜的通透性发生暂时性改变，成为能够允许外源 DNA 分子进入的感受态细胞。进入受体细胞的 DNA 分子通过复制和表达实现遗传信息的转移，最终使受体细胞出现新的遗传性状。将经过转化后的细胞在筛选培养基中进行培养，便可筛选出转化子，即带有异源 DNA 分子的受体细胞。

大肠杆菌是最常用的受体菌，其感受态一般通过 $CaCl_2$溶液在 0℃下处理形成，其基本原理为：细胞处于 0℃的 $CaCl_2$低渗溶液中时会膨胀成球形，细胞膜通透性发生变化，转化混合物中的质粒 DNA 与 $Ca^{2+}$结合形成抗 DNA 酶的羟基-钙磷酸复合物黏附于细胞表面；经 42℃短暂热激处理，促进细胞吸收 DNA 复合物；将细菌置于营养丰富的培养基上生长数小时后，球状细胞复原并分裂增殖，在转化过程中获得新的表型，然后在选择培养基上继续培养，即可获取所需转化子。

## 三、实验材料

1. 外源 DNA 分子及受体菌种

pUC18 质粒（实验三十七制得及标准品）、大肠杆菌 HB101（$Amp^s$）。该菌株是由大肠杆菌 K12 和大肠杆菌 B 杂交所得，具有很高的转化效率，且对氨苄青霉素敏感，$R^-M^-$表型，是常用的受体菌种。

2. 培养基

溶菌肉汤（LB）液体培养基，含（和不含）氨苄青霉素的 LB 琼脂平板，2×LB 培养基。

3. 溶液和试剂

0. 1mol/L $CaCl_2$溶液。

4. 仪器和其他用品

超净工作台、高压灭菌锅、恒温水浴锅、分光光度计、台式离心机，10mL 塑料离心管、1. 5mL 微量离心管（Eppendorf Tubes®）、微量进样器、玻璃涂棒等。

## 四、 实验步骤

1. 感受态细胞的制备

（1）将大肠杆菌 HB101 在溶菌肉汤（LB）琼脂平板上划线，于 37℃下培养 16~20h。

（2）在划线平板上挑一单菌落于盛有 20mL LB 培养基的 250mL 三角瓶中，于 37℃下振荡培养至细胞的 $OD_{600}$值为 0. 3~0. 5，使细胞处于对数生长期或对数生长前期。

（3）将培养物于冰浴中放置 10min，然后转移至 2 个 10mL 预冷的无菌离心管中，于 0~4℃下离心（4000r/min）10min。

（4）弃去上清，倒置离心管 1min，待剩余液体流尽后，置冰浴 10min。

（5）分别向两管中加入 5mL 经冰预冷的 0. 1mol/L $CaCl_2$ 溶液悬浮细胞，置冰浴 20min。

（6）0~4℃下离心（4000r/min）10min 后，弃上清；再次向两管中加入 1mL 冷的 0. 1mol/L $CaCl_2$溶液，重新悬浮细胞。

（7）按每份 200μL 分装细胞于无菌微量离心管中；若不立即使用，可加入终体积分数为 10%的无菌甘油，置于-20℃或-70℃贮存备用。注意：制备得到的感受态细胞，若置于 4℃放置 12~24h，其转化率可增高 4~6 倍；但 24h 后，转化率将下降。

2. 质粒 DNA 的转化

（1）加 10μL 含约 0. 5μg 自制的 pUC18 质粒 DNA 至上述制备得到的 200μL 感受态细胞中作为实验组，同时参照表 9-1 设置 3 组对照：①受体菌对照，即不加质粒，②质粒对照，即不加受体细胞，③标准品对照，即加入已知具有转化活性的质粒 DNA。

表 9-1　质粒转化实验操作表

| 编号 | 组别 | 质粒 DNA/μL | TE 缓冲液/μL | 0. 1mol/L $CaCl_2$/μL | 受体菌悬液/μL |
|---|---|---|---|---|---|
| ① | 受体菌对照组 | — | 10 | — | 200 |
| ② | 质粒对照组 | 10 | — | 200 | — |
| ③ | 标准品对照组 | 10 | — | — | 200 |
| ④ | 转化实验组 | 10 | — | — | 200 |

（2）将每组样品轻轻混匀后，置冰浴 30~40min，再置于 42℃水浴热激 3min，迅速放回冰浴 2min。

（3）向每组样品中加入等体积的 2×LB 培养基，置于 37℃保温 1~5h，使细菌中的质粒表达抗生素抗性蛋白。

(4) 每组各取100μL混合物均匀涂布于含氨苄青霉素（50μg/mL）的选择平板上，于室温下放置20~30min。

(5) 待菌液被琼脂吸收后，倒置平板于37℃下培养12~16h，观察结果。

质粒DNA转化流程示意图，如图9-3所示。

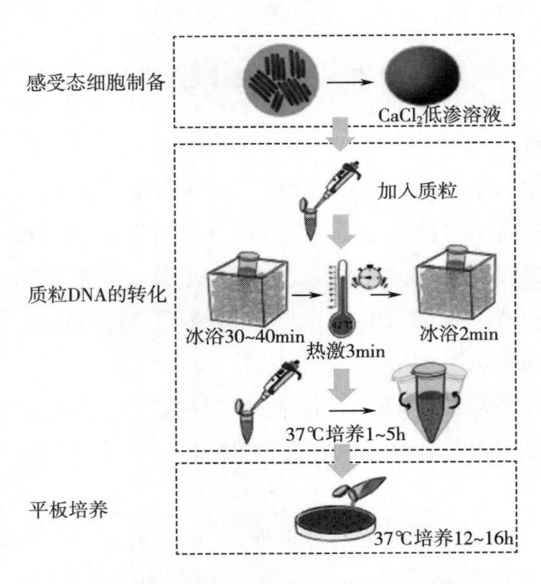


图9-3 质粒DNA转化流程示意图

## 五、实验注意事项

1. 整个实验过程均需严格无菌操作，防止外界细菌污染。
2. 需掌握好制备感受态细胞的合适生长期，即对数生长前期或对数生长期。
3. 向感受态细胞中加入质粒DNA后，只能轻轻混匀，禁止剧烈振摇；在水浴热激过程中，禁止摇动离心管。

## 六、实验报告

1. 图文结合，记录实验过程以及转化和对照平板上菌落的生长情况。
2. 按照式（9-1）计算转化效率：

$$\text{转化效率}=\text{转化子总数}/\text{质粒 DNA 总量} \tag{9-1}$$

### 思考题

1. 转化实验中3组对照各起什么作用？
2. 试分析出现以下现象的原因：

阳性对照，即标准品对照组无菌落，而转化实验组有菌落生长；

转化实验组无菌落，而标准品对照组有菌落生长。

# 实验三十九　细菌的接合作用

## 一、 实验目的

1. 了解细菌接合作用的基本原理。
2. 学习细菌接合实验的基本方法。

## 二、 实验原理

细菌接合是指供体菌和受体菌的完整细胞在直接接触时，供体菌的 DNA 向受体菌单向传递而导致遗传物质转移和基因重组的过程，由美国分子生物学家莱德伯格（Lederberg）和生物化学家塔特姆（Tatum）于 1946 年在大肠杆菌 K12 中发现并证实。研究表明，大肠杆菌有性别分化，其性别和接合配对作用与被称为致育因子（F 因子）的质粒密切相关。F 因子是一种存在于染色体外能独立复制的小型双链环状 DNA 分子，其结构上存在着决定细菌细胞表面形成性伞毛的基因。不含 F 因子的是受体（雌性）细胞，记为 $F^-$。具有 F 因子的细胞作为供体（雄性），若 F 因子独立于染色体外，记为 $F^+$；若 F 因子整合到宿主染色体上，随着染色体的复制而复制，则记为高频重组（Hfr）细胞。整合在染色体上的 F 因子有时也会通过不规则杂交而脱离染色体重新成为游离状的 F 因子，但由于 F 因子在脱离染色体时往往会携带一部分宿主的染色体片段，这个染色体片段与 F 因子构成一个整体，随 F 因子一起复制，含有这种 F 因子的细胞称为 $F'$。

当细菌接合时，供体细胞通过细胞表面的性伞毛与受体细胞相连接，在接触处形成胞质桥。与此同时供体菌的染色体 DNA 单链向受体细胞转移，并与受体菌的染色体 DNA 发生重组。接合作用完成后，受体菌也变成了含有 F 因子的细胞（图 9-4）。

## 三、 实验材料

1. 菌株

供体细菌：大肠杆菌（Hfr $Str^s$）。

受体细菌：大肠杆菌（$F^-$ $Thr^-$ $Leu^-$ $Thi^-$ $Str^r$）。

供体菌为野生型 Hfr 菌株，对链霉素敏感；受体菌是营养缺陷型突变体，不能合成苏氨酸、亮氨酸和硫胺素，对链霉素呈抗性。二者的重组体将会含有供体和受体的遗传物质。

2. 培养基

LB 液体培养基、链霉素硫胺素基本固体培养基平板。

3. 仪器和其他用品

无菌试管、1mL 无菌吸管、盛有酒精的烧杯、玻璃涂棒、振荡混合器等。

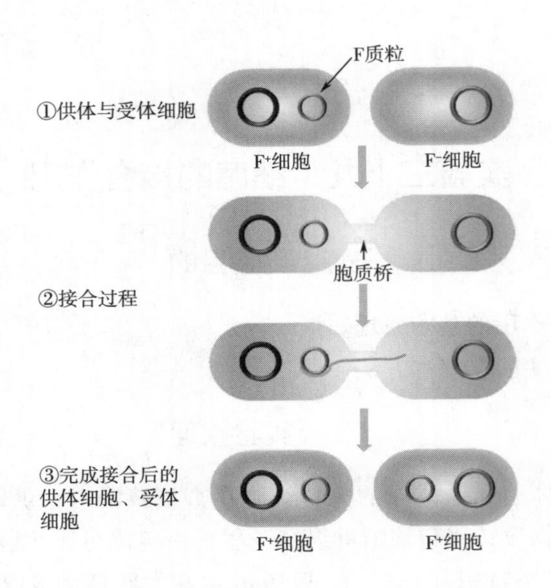


图 9-4　$F^+$细胞和 $F^-$细胞接合过程示意图

## 四、 实验步骤

（1）分别将供体菌和受体菌接种在 2 支盛有 5mL LB 液体培养基的试管中，于 37℃下振荡培养 12h。

（2）用不同的无菌吸管分别吸取 0.3mL 供体菌培养液和 1mL 受体菌培养液至同一无菌试管中。注意受体菌过量可以保证每一个供体菌细胞有相同的机会与受体菌接合。

（3）用两只手掌轻轻搓转试管，使试管中的供体菌和受体菌混合均匀，将混合培养物置于 37℃保温 30min。

（4）准备 3 个链霉素硫胺素固体培养基平板，待其冷凝后，用记号笔分别标记为 a、b、c：其中 a、b 平板作为对照，分别用于供体菌和受体菌培养，c 平板用于供体菌、受体菌混合物培养。

（5）吸取 0.1mL 供体菌液至 a 平板上，用无菌玻璃涂棒均匀涂抹于整个平板表面；同样地，吸取 0.1mL 受体菌液涂布至 b 平板。

（6）待供体菌和受体菌混合物培养保温 30min 后，剧烈振荡试管。

（7）吸取 0.1mL 混合培养物，如上述方法涂布至 c 平板。

（8）将所有平板倒置于 37℃下培养 48h。

整体的大肠杆菌接合实验操作流程如图 9-5 所示。

## 五、 实验注意事项

1. 当将供体菌和受体菌加入试管混合后，切勿剧烈振荡，既要保证供体菌、受体菌充分接触，又要避免刚接触到的细菌分开。

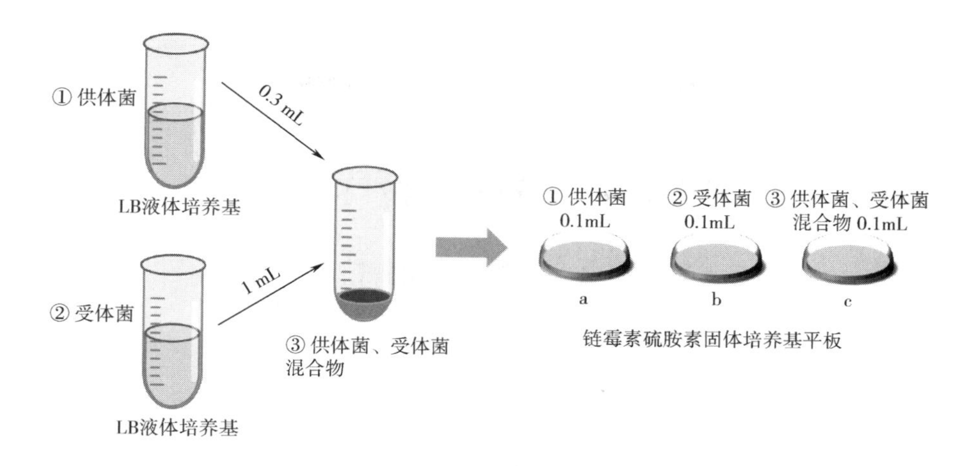


图 9-5　大肠杆菌接合实验操作流程图

2. 在中断供体菌和受体菌接触时，动作要剧烈，可用振荡混合器振荡几分钟，以使供体菌、受体菌之间的性伞毛断开，中止基因的遗传转移。

## 六、 实验报告

观察所有平板，将结果记录于表 9-2（+表示生长，-表示未生长）：

表 9-2　　结果记录表

| | 供体菌 | 受体菌 | 混合培养物 |
|---|---|---|---|
| 生长情况 | | | |

### 思考题

1. 在分别涂有供体菌和受体菌的两个对照平板上是否有个别菌落形成？请解释原因。

2. 亲本菌株中链霉素标记的意义是什么？

# 实验四十　噬菌体的转导实验

## 一、 实验目的

1. 了解噬菌体转导的基本原理。
2. 学习并掌握利用 λ 噬菌体进行局限性转导实验的基本方法。

## 二、 实验原理

噬菌体即细菌病毒，是一种专性寄生物，可分为烈性噬菌体和温和噬菌体。烈性噬菌体感染细菌后，在宿主菌体内复制增殖产生新噬菌体，再随着宿主菌细胞裂解释放出子代噬菌体颗粒。而温和噬菌体感染宿主菌后并不增殖，其基因整合至细菌染色体上，与细菌染色体一起复制，并随细菌的分裂而分配至子代细菌染色体中。

噬菌体转导是指以噬菌体作为媒介将一个细胞的遗传物质传递给另一细胞的过程。转导可分为普遍性转导和局限性转导，前者能转导宿主细胞的任何一个基因，而后者只能转导与原噬菌体整合位点相邻接的少数宿主细胞染色体基因。鼠伤寒沙门氏菌的 P22 噬菌体、大肠杆菌 P1 噬菌体、枯草杆菌的 PBS1、PBS2 和 SP10 噬菌体都是普遍性转导噬菌体。λ 噬菌体和 φ80 噬菌体是大肠杆菌 K12 的局限性转导噬菌体。其中 λ 噬菌体只能转导大肠杆菌 K12 染色体半乳糖基因（gal）和生物素基因（bio）等少数基因，φ80 噬菌体只能转导色氨酸基因（trp）、胸腺嘧啶激酶基因（tdk）等少数基因。这是由于在溶源化过程中，这些噬菌体总是整合在供体细胞染色体的特定位置上，当溶源性细菌受紫外线等因素诱导后原噬菌体便脱离细菌染色体而进行复制，一部分原噬菌体脱离宿主染色体时带有邻近的染色体基因。噬菌体的局限性转导又可分为低频转导（LFT）和高频转导（HFT）。以 λ 噬菌体为例，经诱导后原噬菌体被释放出来，其中有一定比例的噬菌体（约 $10^{-6}$）带有邻近的半乳糖发酵基因（gal），这种噬菌体称为缺陷性半乳糖转导噬菌体（λdg），由 λdg 所进行的转导频率通常不过 $10^{-6}$，称为低频转导（LFT）。用这种低频转导噬菌体裂解液以高感染复数感染另一非溶源性 $gal^{-}$受体菌，在 λdg 感染的同时，会有许多正常 λ 参与感染。由于前者的缺陷被后者补偿，λdg 不仅能进入细胞，与正常 λ 一起整合到受体细胞染色体上去，使成双重溶源菌，而且经诱导后同样能复制并释放出约占噬菌体总数一半的 λdg。这些转导噬菌体所进行的转导称为高频转导（HFT）。

本实验以局限性转导为例（图 9-6），通过 λ 噬菌体专一性转导半乳糖发酵基因的现象来说明转导的基本原理与过程。

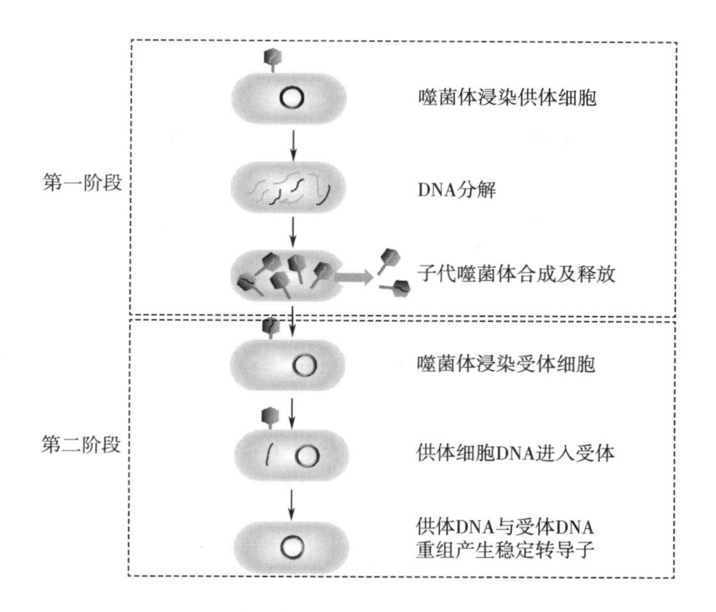


图 9-6 噬菌体局限性转导过程示意图

## 三、 实验材料

1. 菌株

供体菌：大肠杆菌 K12（λ）$gal^+$（带有原噬菌体 λ 和缺陷噬菌体 λdg，发酵半乳糖）。

受体菌：大肠杆菌 K12S $gal^-$（非溶源菌，对噬菌体敏感，不发酵半乳糖）。

2. 培养基

盛有 3mL 加倍 LB 液试管，盛有 5mL LB 液的 100mL 三角瓶，盛有 4.5mL LB 液的试管，盛有 4.5mL LB 液的 100mL 三角瓶，盛有 4.5mL LB 半固体培养基的试管，LB 培养基平板，伊红美蓝琼脂（EMB）-gal 培养基平板。

3. 溶液和试剂

0.1mol/L pH 7.0 磷酸缓冲液：61mL 0.1mol/L $Na_2HPO_4$ 与 39mL 0.1mol/L $NaH_2PO_4$ 混匀，并用二者调节至 pH 7.0；

1mol/L $MgSO_4 \cdot 7H_2O$（$Mg^{2+}$有助于 λ 噬菌体对受体细胞的吸附，因此可在此步骤中用到的培养基中加入 $MgSO_4 \cdot 7H_2O$，使之终浓度为 $1\times10^{-2}$mol/L）；

无菌生理盐水、氯仿等。

4. 仪器和其他用品

台式离心机、磁力搅拌器、振荡混合器、培养箱、无菌试管、无菌吸管、无菌离心管、直径为 6cm 的无菌平皿、紫外灯（15W）等。

## 四、 实验步骤

1. λ 噬菌体裂解液的制备

（1）接种供体菌于盛有 5mL LB 液的 100mL 三角瓶中，于 37℃下振荡培养 16h。

（2）吸取 0.5mL 供体菌培养液放入盛有 4.5mL LB 液的 100mL 三角瓶中，37℃下继续振荡培养 4~6h，剩余供体菌液保存于 4℃备用。

（3）将供体菌液离心（3500r/min，10min），弃上清，加入 4mL 0.1mol/L pH 7.0 磷酸缓冲液，振荡成菌悬液。

（4）吸取 3mL 菌悬液放入直径为 6cm 的无菌平皿中，打开皿盖，用 15 W 紫外灯于距离为 40cm 处照射 15s，边照射边搅拌；向平皿中加入 3mL 加倍 LB 液后，加盖，用黑布包裹平皿，置于 37℃下避光培养 2~3h。

（5）用无菌吸管将平皿内全部菌液吸入一无菌试管中，加入 5~6 滴氯仿，剧烈振荡 30s 后，静置 5min；小心地将上层清液倒入无菌离心管中，离心（3500r/min，10min）；将上清液吸入另一无菌试管中，得到 λ 噬菌体裂解液；再加入 1 滴氯仿，混匀，置于 4℃保存。

2. λ 噬菌体裂解液效价的测定

（1）接种受体菌于盛有 5mL LB 液的 100mL 三角瓶中，于 37℃下振荡培养 16h。

（2）吸取 0.5mL 受体菌培养液放入盛有 4.5mL LB 液的 100mL 三角瓶中，37℃下继续振荡培养 4h，剩余菌液保存于 4℃备用。

（3）吸取 0.5mL λ 噬菌体裂解液（注意不要吸到底部氯仿），用 4.5mL LB 液稀释至 $10^{-8}$。

（4）分别吸取 0.1mL $10^{-6}$、$10^{-7}$ 和 $10^{-8}$ 稀释度裂解液和 0.1mL 继续振荡培养 4h 后的受体菌培养液放入无菌试管中，混匀，静置 10min；每个稀释度的裂解液重复 3 次，共 9 支试管。

（5）将溶化后保温在 45℃的 4.5mL LB 半固体培养基一对一地倒入上述静置试管中，迅速搓匀后再倒入 LB 培养基平板上，轻轻摇晃使其均匀铺满平板；平板冷凝后倒置于 37℃恒温箱中培养过夜。

（6）取出培养过夜的平板对噬菌斑形成单位（PFU）进行计数，计算出每毫升噬菌体裂解液中的 PFU 数，即为 λ 噬菌体裂解液的效价。

3. 转导现象的观察

（1）取 2 个 EMB-gal 培养基平板，在皿底按图 9-7 画好。

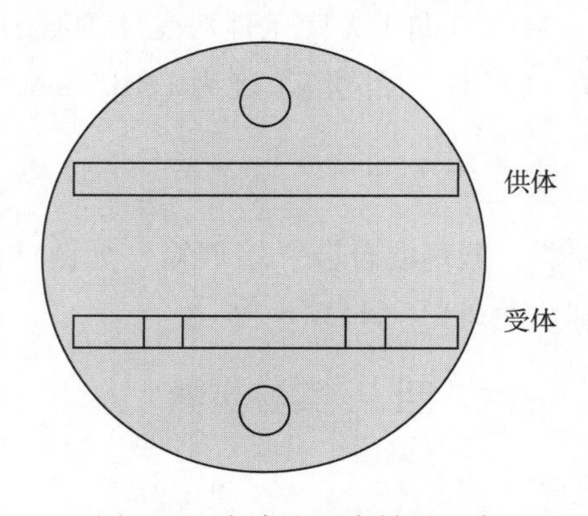


图 9-7　点滴法观察转导现象

（2）用保存的受体菌液涂其中一条带，再用保存的供体菌液涂另一条带，待干。

（3）用保存的 λ 噬菌体裂解液先后在两个圆圈和方格处涂抹。

（4）将 EMB-gal 平板倒置于 37℃下恒温培养，2d 后观察转导现象。

4. 转导频率的测定

（1）分别吸取 0.25mL 保存的受体菌液和 0.25mL λ 噬菌体裂解液放入一无菌试管中，混匀；再分别吸取 0.5mL 保存的受体菌液和 0.5mL λ 噬菌体裂解液放入各自的无菌试管中；3 支试管置于 37℃水浴保温 15min。

（2）分别吸取 0.1mL 受体菌和噬菌体混合液涂布至 2 个 EMB-gal 培养皿中，再分别吸取 0.1mL 受体菌液和 0.1mL 噬菌体裂解液涂布至各自的 2 个培养皿中，作为对照（若受体菌液浓度较高，可将保温后的受体菌和噬菌体混合液用无菌生理盐水适当稀释后再涂抹平板）。

（3）将 EMB-gal 平板倒置于 37℃恒温培养箱培养，2d 后进行菌落形成单位（CFU）计数，计算转导频率。

## 五、 实验注意事项

1. 在进行紫外线诱导时，操作者需戴上玻璃眼罩。照射计时从开盖起，加盖止；从紫外线照射处理开始直至用黑布包裹等操作均需在红灯下进行；操作时注意让平皿正放，防止菌液溢出。

2. 氯仿被吸入或经皮肤吸收会引起急性中毒，操作时应戴上手套，不慎接触到皮肤后应立即用大量流水清洗。

3. 在进行转导现象观察涂抹平板时，可用已烧圆滑的玻璃涂棒尾部进行涂抹；每次涂抹完毕后先蘸酒精在酒精灯上点燃，离开酒精灯烧完后再进行下一次涂抹。

## 六、 实验报告

1. 将 λ 噬菌体裂解液效价测定结果填入表 9-3。

表 9-3 λ 噬菌体裂解液效价测定结果记录表

| | $10^{-6}$ | $10^{-7}$ | $10^{-8}$ |
|---|---|---|---|
| 1 | | | |
| 2 | | | |
| 3 | | | |
| PFU/皿 | | | |
| PFU/mL | | | |

2. 将转导频率测定结果填入表 9-4。

表 9-4　　转导频率测定结果记录表

| | 裂解液+受体菌（A） | 受体菌对照（B） | 裂解液对照（C） |
| --- | --- | --- | --- |
| 1 | | | |
| 2 | | | |
| 转导子 CFU/mL | | | |
| 转导频率* | | | |

* 转导频率＝［单位体积转导子数（$A-B-C$）/噬菌体裂解液效价］×100%

3. 以图片形式展示转导现象观察结果。

## 思考题

1. 利用 EMB-gal 平板检验转导子的原理是什么？
2. 结合转导现象结果图，请分析出现相应结果的原因。

# 第十章 微生物学综合实验

## 实验四十一　土壤微生物的分离与纯化

### 一、 实验目的

1. 了解土壤中的微生物资源。
2. 熟练掌握土壤微生物的分离与纯化技术。

### 二、 实验原理

据估计，当前发现的原核微生物的种类还不足实际原核微生物种类的5%，还有大约95%的原核微生物我们都不熟悉，可以想象一下，那些未知的微生物将是一个多么神奇的世界。微生物在人类生活中扮演着举足轻重的角色，比如，青霉素生产是由微生物发酵完成的，中国著名的白酒酿造也是微生物帮助完成的。微生物的分布极其广泛，土壤、水域、大气几乎到处都有微生物的存在，可以这样说，微生物无处不在。每克土壤中的细菌数量高达几亿个，据估计土壤中的细菌总质量为$1\times10^{16}$t。土壤是微生物天然的培养基和微生物资源挖掘的理想之地，如何从土壤环境中分离获得微生物是一个极其重要的技术。同时，从复杂的微生物区系中纯化出单菌落也是学生需要掌握的微生物实验基本技能。本实验的目的之一就是教会同学们如何从混杂的土壤微生物群体中分离和纯化它们。获取单个菌落的方法可通过稀释涂布平板或平板划线（实验三　微生物的纯化技术）等技术完成。

### 三、 实验材料

1. 分离培养基

牛肉膏蛋白胨琼脂培养基（分离常规细菌）：牛肉膏 3g，蛋白胨 10g，NaCl 5g，琼脂 15~20g，水 1000mL，pH 7.0~7.2，121℃灭菌 20min。

高氏一号培养基（分离放线菌）：可溶性淀粉 20g，$KNO_3$ 1g，NaCl 0.5g，$K_2HPO_4$

0.5g，$MgSO_4$ 0.5g，$FeSO_4$ 0.01g，琼脂 20g，水 1000mL，pH 7.2~7.4。

马丁氏琼脂培养基（分离霉菌）：$NaNO_3$ 2g，$K_2HPO_4$ 1g，KCl 0.5g，$MgSO_4$ 0.5g，$FeSO_4$ 0.01g，蔗糖 30g，琼脂 15~20g，水 1000mL，自然 pH，121℃灭菌 20min。

2. 试剂或工具

土样、10%酚液、无菌水、试管、玻璃珠、三角烧瓶、无菌玻璃涂棒、无菌吸管或移液枪、接种环或灭菌的钝头竹签、无菌培养皿、链霉素、涂布器、普通光学显微镜等。

## 四、 实验步骤

### （一）稀释涂布平板法分离土壤微生物

（1）将高压湿热灭菌的牛肉膏蛋白胨琼脂培养基、高氏一号琼脂培养基和马丁氏琼脂培养基冷却至 55~60℃后，往高氏一号琼脂培养基中加入 10%的酚液数滴，马丁氏培养基中加入链霉素溶液，至终浓度为 30μg/mL，混合均匀。

（2）右手持盛有培养基的试管或三角瓶放置于火焰旁，同时用左手将试管塞或瓶塞轻轻地拔出，并把试管口或瓶口对着火焰附近；然后左手拿灭菌的空培养皿的皿盖在火焰附近打开，迅速将右手的培养基倒入 15~20mL，使培养基均匀分布在培养皿底部，然后置于无菌操作台上使其冷凝后（图 10-1），倒置存放平板。将上述的 3 种培养基各倒 3 个培养皿平板，并分别以培养基的名称给平板做好记号。

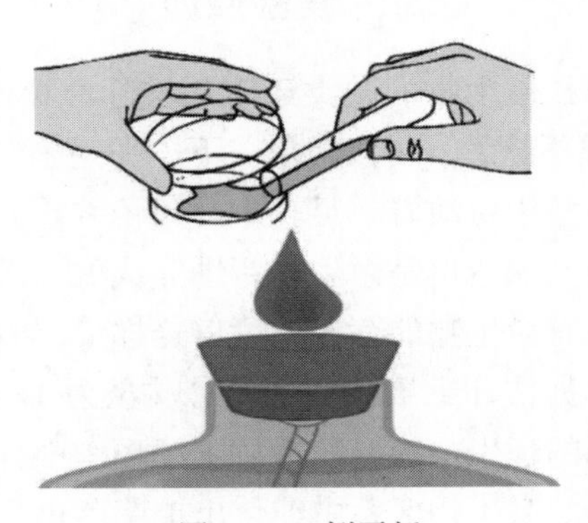

图 10-1 倒平板

（3）称取土壤样本 1g，放入盛有 99mL 无菌水并带有无菌玻璃珠的三角烧瓶中，摇瓶振荡 10~20min，使土样与水充分混匀。用一支无菌吸管或移液枪从中吸取 1mL 土壤悬液加入盛有 9mL 无菌水的试管中再充分混匀，然后用无菌吸管或移液枪从此试管中吸取 1mL 加入另一盛有 9mL 无菌水的试管中，混合均匀，以此类推制成 $10^{-3}$、$10^{-4}$、$10^{-5}$、$10^{-6}$不同稀释度的土壤溶液，用于后续的土壤微生物涂布分离实验（图 10-2）。

（4）将上述每种培养基的三个平板底面分别用记号笔写上 $10^{-4}$、$10^{-5}$和 $10^{-6}$三种稀释度，然后用无菌吸管或移液枪分别由 $10^{-4}$、$10^{-5}$和 $10^{-6}$的三个试管土壤稀释液中各吸取 0.1mL，小心移至培养基平板中央。用无菌玻璃涂棒涂布平板（图 10-3），右手拿无

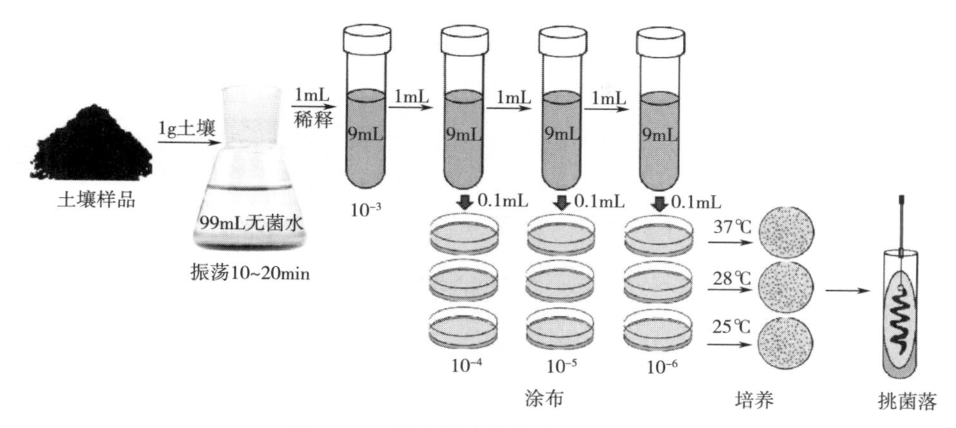


图 10-2　从土壤中分离微生物的过程

菌涂棒平放在平板培养基表面上，将菌悬液先沿同心圆方向轻轻地向外扩展，使之分布均匀。室温下静置 5~10min，使菌液浸入培养基。

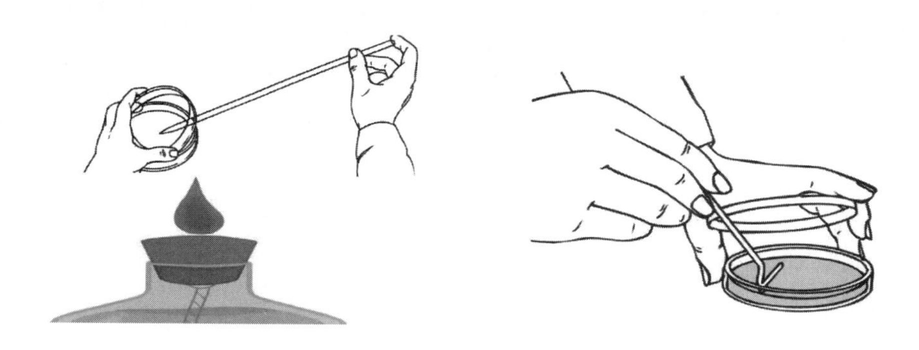

图 10-3　涂布平板

（5）将马丁氏培养基平板倒置于 25℃温室中培养 2~3d，高氏一号培养基平板 28℃倒置培养 5~7d，牛肉膏蛋白胨平板倒置于 37℃温室中培养 1~3d。将培养后长出的单个菌落分别挑取少许细胞接种到上述三种培养基斜面上，再次分别置 25℃、28℃和 37℃温室培养。

（二）分离微生物的纯化

（1）使用接种环或灭菌的钝头的竹签挑取培养好的平板上的微生物单菌落，接种于同样的培养基斜面上进行相应培养温度的培养。

（2）待斜面上的微生物长好后，挑取一环于相应的平板培养基上，采用实验三“微生物的纯化技术”中介绍的平板划线法技术进行分离微生物的纯化。

（3）纯化过程中若发现有杂菌，需不断进行分离、纯化，重复上述步骤，直到获得微生物的纯培养。

（4）为了进一步检验微生物纯化的情况，可以从纯化的培养平板中的单个菌落上挑取少许菌苔，涂在载玻片上，在显微镜下观察细胞的个体形态是否存在差异，结合菌落形态特征，综合分析确认纯化效果。

## 五、 实验注意事项

1. 操作时无菌吸管的尖部不能接触液面，以免造成稀释度的误差。
2. 每个稀释度都要更换一支新的无菌移液管或移液枪头。
3. 及时灼烧接种环上剩余的菌体，以确保后期单菌落的出现。

## 六、 实验报告

1. 在培养好的3个培养基平板上仔细观察其微生物生长情况，并将培养结果记录在表10-1中。分别统计计算最终牛肉膏蛋白胨琼脂培养基分离细菌，高氏一号培养基分离放线菌以及马丁氏培养基分离霉菌的情况，并根据实验结果分析3个培养基分别专门用于分离细菌、放线菌和霉菌是否合适？为什么？

**表 10-1** 土壤微生物分离结果记录表一

| 不同培养基<br>微生物菌落数统计 | | 牛肉膏蛋白胨<br>琼脂培养基 | 高氏一号<br>琼脂培养基 | 马丁氏<br>琼脂培养基 | 平均菌落数<br>统计 |
|---|---|---|---|---|---|
| 细菌<br>菌落数统计 | $10^{-4}$ | | | | |
| | $10^{-5}$ | | | | |
| | $10^{-6}$ | | | | |
| 放线菌<br>菌落数统计 | $10^{-4}$ | | | | |
| | $10^{-5}$ | | | | |
| | $10^{-6}$ | | | | |
| 霉菌<br>菌落数统计 | $10^{-4}$ | | | | |
| | $10^{-5}$ | | | | |
| | $10^{-6}$ | | | | |

2. 对分离到的细菌、放线菌和霉菌进行菌落表面的形态观察，描述其菌落的颜色、形状等特征，填写到表10-2中。如果培养基上没有某个微生物的菌落，可以不用描述。

**表 10-2** 土壤微生物分离结果记录表二

| 不同培养基<br>微生物菌落特征 | 牛肉膏蛋白胨<br>琼脂培养基 | 高氏一号<br>琼脂培养基 | 马丁氏<br>琼脂培养基 |
|---|---|---|---|
| 细菌菌落 | | | |
| 放线菌菌落 | | | |
| 霉菌菌落 | | | |

3. 描述分析菌株纯化的情况，并将纯化培养的菌落图片拍照附在报告中。

## 思考题

1. 简述土壤微生物的分离流程。
2. 高氏一号琼脂培养基为什么可以用来培养或分离放线菌？
3. 对土壤悬液进行梯度稀释的目的是什么？
4. 镜检显示单个菌落中的细菌形态特征不一致，该如何处理？

# 实验四十二　细菌 DNA 的提取与 16*S* rRNA 序列的快速鉴定

## 一、实验目的

1. 掌握细菌 DNA 的提取方法。
2. 学习 PCR 扩增技术。
3. 学习和掌握利用 16*S* rRNA 序列在线快速鉴定细菌的技术。

## 二、实验原理

土壤是微生物生活的大本营，是发掘微生物资源的重要基地，然而土壤中所含的微生物种类繁多，如何区分和识别群体中复杂的微生物种类就显得尤为重要。微生物分类是按微生物亲缘关系把微生物归入各分类单元或分类群，以得到一个反映微生物进化的自然分类和符合逻辑命名的系统。微生物分类的内容包含了微生物的表型特征、生理生化特性、化学指标以及分子指标。为了从复杂的微生物群体中快速地进行区分，通常，我们以其遗传信息进行分类。例如，常规采用的 rRNA 序列分析仍旧是目前比较快速而成熟的鉴定方法。目前，rRNA 仍然是最佳的生物进化分子尺：①rRNA 参与生物的蛋白质合成，其功能必不可少；②rRNA 功能十分稳定；③在 16*S* rRNA 或 18*S* rRNA 分子中，既含有高度保守的序列区域，又有可变区域，因而，适用于分析进化距离各不相同的生物间的亲缘关系；④rRNA 的碱基对数量大小适中（原核生物 16*S* rRNA 碱基对数量约 1500bp，真核生物 18*S* rRNA 碱基对数量约 1900bp），便于序列分析。16*S* rRNA 序列分析使得细菌分类发展到了系统发育研究阶段，长期以来原核生物分类都是以 16*S* rRNA 核苷酸序列分析为中心进行的。在实验室小规模提取细菌 DNA 的基本原理是，在碱性环境下，利用表面活性剂 SDS 以及溶菌酶将细菌的细胞壁破裂（也可以用超声波等物理方法破碎细胞），用蛋白酶 K 破坏蛋白质空间结构，然后用苯酚：氯仿：异戊醇（25：24：1）抽提去掉蛋白质等杂质，经过乙酸钠沉淀、乙醇清洗后得到较纯的细菌 DNA。

细菌的种类很多，仅仅是芽孢杆菌中也有近百个物种，即使在某个芽孢杆菌种内也有 10 个左右的菌株，仅依靠常规的形态观察是根本无法将它们区分的，因此，采用遗传信息进行鉴别就比较可靠和方便。这里主要介绍小规模提取细菌 DNA 和 PCR 扩增的方法，并通过基因测序，利用 16*S* rRNA 核苷酸序列的 BLAST 比对快速鉴定细菌种类。

## 三、实验材料

1. 菌株

细菌菌株。

2. 试剂和工具

细菌DNA、50mg/mL溶菌酶、200g/L SDS、20mg/mL蛋白酶K、苯酚：氯仿：异戊醇（25：24：1）的混合液、无水乙醇、3mol/L乙酸钠（pH 4.8~5.2）、异丙醇、TE缓冲液、纯水、琼脂糖凝胶、移液枪、1.5mL的离心管、Eppendorf管、记号笔、摇床、高速冷冻离心机、干燥箱、冰箱、电泳仪、PCR仪、电泳槽、电泳缓冲液（TAE）、紫外检测仪以及细菌通用引物（27f：5′-AGAGTTTGATCCTGGCTCAG-3′、1492r：5′-TACGGCTACCTTGTTACGACTT-3′）、脱氧核苷三磷酸（dNTP）、Taq DNA聚合酶、溴化乙锭（EB）、PCR引物（marker）、DNA模板等。

## 四、 实验步骤

### （一）细菌菌株DNA的小量提取

（1）取菌体少许于无菌的1.5mL Eppendorf管中，加1×TE溶液480μL，再加入20μL溶菌酶（50mg/mL），放入37℃摇床，200r/min，2~3h。

（2）加入50μL的200g/L SDS及5μL蛋白酶K（20mg/mL），混匀放入55℃摇床，200r/min处理1~2h。

（3）加入550μL苯酚：氯仿：异戊醇（25：24：1）抽提，取下层，震荡混匀，高速冷冻离心机12000r/min离心10min，取上清（重复抽提三次）。

（4）上清液加入50μL的3mol/L乙酸钠（pH 4.8~5.2），混匀后加500μL异丙醇，放入-20℃冰箱1~2h或过夜；或者加800μL无水乙醇，加80μL的3mol/L乙酸钠（pH 4.8~5.2）室温放置10min以上。

（5）12000r/min离心10min，去除上清液，加200μL的70%乙醇，轻摇洗盐2次，12000r/min低温离心5min，弃乙醇。

（6）放置于干燥箱中37~55℃干燥，待乙醇挥发干后加1×TE 50μL溶解DNA（视DNA量而定）直接使用，或-20℃保存备用。注意干燥时间不宜过长，一般20~30min，时间太长，DNA不易溶解。

（7）利用琼脂糖凝胶电泳检测DNA提取的质量情况。

### （二）试剂盒提取细菌DNA

当然，目前也有商业化的试剂盒小量快速提取细菌基因组DNA的方法，如Ezup柱式细菌基因组DNA快速抽提试剂盒（上海生工生物工程股份有限公司），试剂盒组分包括Buffer Digestion（消化缓冲液）、Buffer BD（BD缓冲液）、PW Solution（PW浓缩溶液）、Wash Solution（洗涤浓缩液）、CE Buffer（CE缓冲液）（pH 9.0）、Proteinase K（蛋白酶K）和Enzymatic lysis buffer（酶解缓冲液）。细菌DNA的提取方法参照试剂盒操作说明如下。

（1）样品处理

①革兰氏阴性细菌　取0.5~1mL过夜培养的细菌菌液，加入1.5mL离心管中，室温8000r/min离心1min，弃上清，收集菌体。加入180μL Buffer Digestion，再加入20μL Proteinase K溶液，震荡混匀。56℃水浴1h至细胞完全裂解。

建议菌液使用量，当 $OD_{600}$≥3 时，菌液使用 500μL 即可；当 $OD_{600}$<3 时，菌液使用 0.5~1mL。

②革兰氏阳性细菌　取 0.5~1mL 过夜培养的细菌菌液，加入 1.5mL 离心管中，室温 8000r/min 离心 1min，弃上清，收集菌体。加入 100μL Buffer Digestion 和 80μL 溶菌酶溶液（使用前将相应的溶菌酶加入到 Enzymatic lysis buffer 中，配制成 20mg/mL 的溶菌酶溶液）重悬菌液，37℃水浴 30min。

③其他细菌　当处理芽孢杆菌，双歧杆菌，微球菌，红球菌，链霉菌等时，采用 100μL Buffer Digestion 和 80μL 溶菌酶溶液重悬菌液，37℃ 水浴 30min；处理乳酸菌时，建议采用 180μL 溶菌酶溶液重悬菌液，37℃ 水浴 30min；处理葡萄球菌时，建议采用 100μL Buffer Digestion 和 80μL 溶菌酶，再加入 2μL 溶葡球菌酶溶液（2mg/mL）重悬菌液，37℃ 水浴 30min。

注意水浴过程中，每 10min 颠倒混匀一次，可促进样品裂解。

（2）加入 20μL Proteinase K 溶液，震荡混匀。56℃ 水浴 30min 至细胞完全裂解。如需得到无 RNA 的 DNA，可在水浴后加入 20μL 的 RNase A（10mg/mL），室温放置 2~5min。

（3）加入 200μL Buffer BD，充分颠倒混匀，70℃水浴 10min。注意：加入 Buffer BD 后可能会产生白色沉淀，一般 70℃水浴后会消失，不会影响后续实验。如溶液未变清亮，说明细胞裂解不彻底，可能导致提取 DNA 量少和提取出的 DNA 不纯。

（4）加入 200μL 的无水乙醇，充分颠倒混匀。注意：加入无水乙醇后可能会产生半透明纤维状悬浮物，不影响 DNA 的提取和应用。

（5）将吸附柱放入收集管中，用移液枪将溶液和半透明纤维状悬浮物全部加入吸附柱中，静置 2min，12000r/min 室温离心 1min，倒掉收集管中的废液。

（6）将吸附柱放回收集管，加入 500μL PW Solution，10000r/min 离心 30s 倒掉滤液。

（7）将吸附柱放回收集管，加入 500μL Wash Solution，10000r/min 离心 30s 倒掉滤液。

（8）将吸附柱重新放回收集管中，于 12000r/min 室温离心 2min，离去残留的 Wash Solution。将吸附柱打开盖子于室温放置数分钟，以彻底晾干吸附材料中残留的 Wash Solution，Wash Solution 的残留会影响基因组 DNA 的产量和后续的实验。

（9）取出吸附柱，放入一个新的 1.5mL 离心管中，加入 50~100μL CE Buffer 静置 3min，12000r/min 室温离心 2min，收集 DNA 溶液。提取的 DNA 可立即进行下一步实验或-20℃保存。

如果想提高 DNA 的得率，可重复步骤（9）。

### （三）细菌 DNA 的 PCR 扩增与纯化

1. PCR 反应体系（25μL 反应体系）

| | |
|---|---|
| 10×缓冲液 | 2.5μL |
| dNTP 混合物 | 1μL（各 2.5mmol） |

引物 1　　1μL（0.5μmol）

引物 2　　1μL（0.5μmol）

DNA 模版　　1μL

Taq DNA 聚合酶　　0.5μL（2.5U/μL）

$H_2O$　　补充水至 25μL

混匀后离心 5s，使液体沉至管底。加 1~2 滴石蜡油封住溶液表面，防止反应过程中液体蒸发影响实验结果。

2. PCR 反应

PCR　95℃　　5min 预处理，变性

设置 25~35 个循环：

95℃　1min　　变性

50℃　2min　　复性

72℃　2min　　延伸

循环结束

72℃　延伸 10min 后，将 PCR 产物置于 4℃保存。

3. 电泳检测

取 3~5μL PCR 扩增产物，用含有 EB（终浓度为 0.5μg/mL）0.7%~1.0%的琼脂糖凝胶电泳检查，并用 PCR marker 作相对分子质量指示。电泳完成后，在紫外检测仪下观察是否具有特异性条带（图 10-4）。

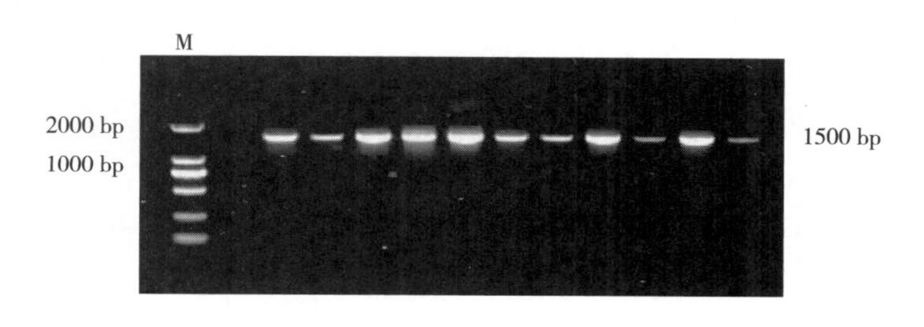


图 10-4　细菌 16*S* rRNA 提取 PCR 扩增检验图

M：DL2000

4. PCR 产物纯化

可以采用商业化的试剂盒进行 PCR 产物的纯化，如上海生工 EZ Spin Column PCR Product Purification Kit UNIQ-10 柱式 PCR 产物纯化试剂盒（SK1142-N），按照试剂盒的操作说明纯化即可。也可以采用琼脂糖凝胶电泳检查，并用 Marker 作相对分子质量指示。电泳完成后，在紫外检测仪下观察回收的条带纯化情况，并获得纯化的 PCR 产物。

**（四）细菌的 16*S* rRNA 序列在线分析鉴定**

1. 将纯化的 PCR 产物，送到测序公司进行测序。

2. 获得测序公司测序好的细菌的 16*S* rRNA 序列。如下：

>5135

GAATTGCGGCGGCTACACATGCAAGTCGAGCGGAAACGACGGGAGCTTGCTCCCGGGC
GTCGAGCGGCGGACGGGTGAGTAATGCATAGGAATCTACCCGATAGTGGGGGATAACCTGA
GGAAACTCAGGCTAATACCGCATACGTCCTACGGGAGAAAGCGGGGGACCTTCGGGCCTCG
CGCTATGGGATGAGCCTATGTCGGATTAGCTGGTTGGTGGGGTAACGGCCCACCAAGGCGAC
GATCCGTAGCTGGTTTGAGAGGATGATCAGCCACATCGGGACTGAGACACGGCCCGAACTCC
TACGGGAGGCAGCAGTGGGGAATATTGGACAATGGGCGAAAGCCTGATCCAGCCATGCCGC
GTGTGTGAAGAAGGCTTTCGGGTTGTAAAGCACTTTCAGTGGGGAAGAAAGCGTGCGGGTTA
ATAACCGGTACGGACGACATCACCCACAGAAGAAGCACCGGCAAACTCCGTGCCAGCAGCC
GCGGTAATACGGAGGGTGCGAGCGTTAATCGGAATTACTGGGCGTAAAGCGCGCGTAGGCG
GCGAATCAAGCCGGTTGTGAAAGCCCCGGGCTCAACCTGGGAATGGCATCCGGAACTGGTTG
GCTAGAGTGCAGGAGAGGAAGGTGGAATTCCCGGTGTAGCGGTGAAATGCGTAGAGATCGG
GAGGAATACCAGTGGCGAAGGCGGCCTTCTGGCCTGACACTGACGCTGAGGTGCGAAAGCG
TGGGTAGCAAACAGGATTAGATACCCTGGTAGTCCACGCCGTAAACGCTGTCGACTAGCCGT
TGGGAGCCTTGAGTTCTTAGTGGCGCAGTTAACGCGATAAGTCGACCGCCTGGGGAGTACGG
CCGCAAGGTTAAAACTCAAATGAATTGACGGGGGCCCGCACAAGCGGTGGAGCATGTGGTTT
AATTCGATGCAACGCGAAGCACCTTACCTACCCTTGACATCCTCGGAACTTGGCAGAGATGC
CTTGGTGCCTTCGGGAACCGAGAGACAGGTGCTGCATGGCTGTCGTCAGCTCGTGTTGTGAA
ATGTTGGGTTAAGTCCCGTAACGAGCGCAACCCTTATCCCTATTTGCCAGCGGTCCGGCCGGG
AACTCTAGGGAGACTGCCGGTGACAAACCGGAGGAAGGTGGGGACGACGTCAAGTCATCAT
GGCCCTTACGGGTAGGGCTACACACGTGCTACAATGGTCGGTACAAAGGGTTGCGATCTCGC
GAGAGCCAGCTAACCCCGGAAAGCCGATCTCAGTCCGGATCGGAGTCTGCAACTCGACTCCG
TGAAGTCGGAATCGCTAGTAATCGTGAATCAGAATGTCACGGTGAATACGTTCCCGGGCCTT
GTACACACCGCCCGTCACACCATGGGAGTGGACTGCACCAGAAGTGGTTAGCCTAACTTCGG
AAGGCG

3. 通常使用 NCBI 提供的 BLAST 比对工具进行序列的相似性检索或在线分类分析，查看与同源菌株的相似性情况，从而帮助确定测试菌株的初步分类地位，以及判断是否是新的物种或已知细菌种。

## 五、 实验注意事项

1. 尽可能延长 DNA 酶解时间，以减少杂质。

2. 如果细菌的蛋白质较多，可以增加抽提次数，直至蛋白质除尽。

3. 一定要让乙醇挥发干净后再加入 TE。

4. 在低温条件（4℃）下操作更好。

5. 在配制 PCR 体系的时候，应该在加入 dNTP 混合物之后再加入 Taq DNA 聚合酶，防止体系中的引物被分解。

6. 当出现无扩增产物的时候，可能是由于反应体系中的试剂污染，造成模板或引物的降解，不能正常扩增，也有可能是提取的 DNA 有问题。

## 六、 实验报告

1. 根据实验，描述细菌 DNA 的提取流程和 PCR 扩增的结果，凝胶成像观察 PCR 扩增的电泳图，附在报告中，并分析。

2. 指导教师提供不同微生物的 16*S* rRNA 基因序列，同学们在网上进行序列比对，并把 BLAST 的比对结果写在报告中。

### 思考题

1. 简述 16*S* rRNA 基因为什么可以用于细菌的种类鉴定。

2. 如果细菌的 16*S* rRNA 基因凝胶电泳后在同一个泳道呈现 2 条带，分析其产生这种情况的原因。

3. 在细菌 DNA 提取中主要注意哪些事项，才可保证所提取 DNA 的质量？

4. 阐述 PCR 扩增的基本原理。

# 实验四十三　食品中菌落总数和总大肠菌群的测定

微生物是导致食品变质的重要因素。食品中含有丰富的营养物质，可为微生物的生长提供原料。微生物在生长过程中会产生有毒、有害的物质，导致食物变质，威胁公众健康。食品中菌落总数的测定具有重要的卫生学意义。一方面，菌落总数从一定程度上反映食品在生产、运输及储存中的卫生质量；另一方面，通过对食品菌落总数的动态监测，可为预测食品的保质期提供依据。菌落总数主要用于判断食品被细菌污染的程度。食品中除含有非致病性细菌外，可能还存在引发人体中毒的肠道致病菌，如沙门氏菌属和志贺氏菌属。在检测过程中，若致病菌的含量较低，则不易被检测到。通过检测来源相同、生存时间及环境一致的大肠菌群，以其数量来判断食品被肠道致病菌污染的程度。

## 一、实验目的

1. 掌握食品中菌落总数测定与计数的基本方法。
2. 掌握食品中大肠菌群 MPN 测定方法。
3. 了解测定食品中菌落总数及大肠菌群的食品卫生学意义。

## 二、实验原理

菌落总数是指检测样品加入无菌营养培养基经培养后，在单位质量（g）或体积（mL）中所形成的细菌菌落总数（CFU）。目前，常用十倍梯度稀释法对一定量的检测样品进行稀释，从理论上来讲，当稀释度足够大的时候，聚集在一起的细菌会被分散开来，在菌悬稀释液中形成单个细胞，再通过浇注平板法将一定量（一般为 100mL）的稀释液与平板计数培养基混匀，置于适宜条件下进行培养，在此过程中，分散开来的单个细胞在培养基中通过生长繁殖，可形成肉眼能见的菌落，统计平板计数培养基上的菌落总数 CFU，将统计的菌落总数与稀释度进行对应计算，从而估算出单位质量（g）或体积食品中所含有的菌落总数，即 CFU/g（mL）。

大肠菌群是指一群在 37℃条件下培养 24h 后能发酵乳糖、产酸产气、需氧或兼性厌氧的革兰氏阴性无芽孢杆菌，该菌群主要包括：大肠埃希氏菌、柠檬酸杆菌、克雷伯氏菌、阴沟肠杆菌，其中埃希氏菌被称作典型的大肠杆菌。典型大肠杆菌在自然环境中的栖息地主要是人畜粪便，一般无致病性。若大肠菌群数量较高，则提示食品存在被肠道致病菌污染的风险。

## 三、 实验材料

1. 培养基

平板计数琼脂（胰蛋白胨 5g、酵母浸膏 2.5g、葡萄糖 1g、琼脂 15g、蒸馏水 1000mL，pH 6.8~7.2）、月桂基硫酸盐胰蛋白胨（lauryl sulfate tryptose，LST）肉汤培养基（胰蛋白胨 20g、氯化钠 5g、乳糖 5g、磷酸氢二钾 2.75g、磷酸二氢钾 2.75g、月桂基硫酸钠 0.1g、蒸馏水 1000mL，pH 6.0~7.0）、煌绿乳糖胆盐（brilliant green lactose bile，BGLB）肉汤培养基（蛋白胨 10g、乳糖 10g、牛胆粉溶液 200mL）。

2. 试剂

0.1%煌绿水溶液 13.3mL、蒸馏水 800mL、无菌生理盐水、75%乙醇、无菌 1mol/L NaOH、无菌 1mol/L HCl。

3. 其他

超净工作台、恒温培养箱、高压灭菌锅、电子天平、菌落计数器、震荡培养箱、培养皿、移液管、移液枪、试管、三角锥形瓶、试管架、酒精灯、废液缸、记号笔、酒精棉球、牛皮纸、玻璃珠、精密 pH 试纸。

## 四、 实验过程

### （一）食品中菌落总数的测定

1. 检验流程

食品中菌落总数测定的流程如图 10-5 所示。

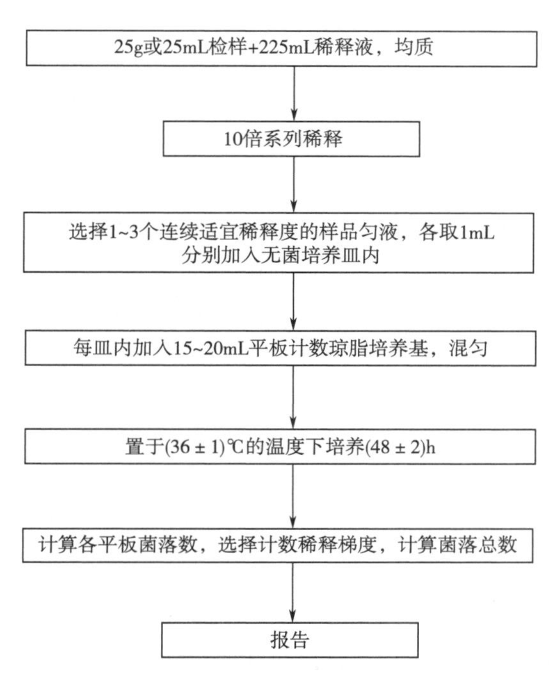


图 10-5　食品中菌落总数测定的流程图

2. 检样的处理

（1）固体和半固体样品均质　称取25g样品，置于盛有225mL无菌磷酸盐缓冲液或无菌生理盐水的无菌均质杯中，8000～10000r/min均质1～2min，或放入盛有225mL稀释液的无菌均质袋中，用拍击式均质器拍打1～2min，制成1∶10的样品匀液。

（2）液体样品均质　用无菌吸管吸取25mL样品置于盛有225mL无菌磷酸盐缓冲液或无菌生理盐水的无菌锥形瓶中（瓶内含适量无菌玻璃珠，用量大致覆盖半个至一个瓶底），充分混匀，制成1∶10的样品匀液。

（3）样品匀液的10倍系列稀释　用无菌吸管或微量移液管吸取1mL的样品匀液稀释液，注入含有9mL无菌稀释液的试管中（注意吸管或吸头尖端不要触及稀释液面），震荡试管，或换用一支无菌吸管反复吹打使其混匀，制成1∶100的样品匀液稀释液。

（4）另取一根无菌吸管或微量移液管，按照步骤（3）操作，获得1∶1000的样品匀液稀释液，以此类推，形成十倍系列稀释的样品匀液。在制备不同稀释度时，每递增一个稀释度，需换用1根无菌吸管或微量移液管。

（5）根据对待检样品受污染情况的估计，选择1～3个合适的稀释度，吸取1mL样品匀浆于无菌培养皿中，立即倒入15～20mL已溶化至45℃左右的平板计数琼脂培养基中，轻轻转动培养皿，使其混合均匀，每个稀释度至少做2个重复。同时，吸取1mL不含样品的无菌稀释液于无菌培养皿中，用上述方法加入平板计数琼脂培养基中，混匀，作为空白对照。

（6）待培养基凝固后，翻转培养基，使培养基皿底朝上，置于（36±1）℃条件下倒置培养（48±2）h，然后取出培养基进行菌落计数。若检样为水产品，则置于（30±1）℃条件下培养（72±2）h。

3. 菌落总数的统计

用肉眼对平板菌落进行计数时，可使用放大镜及菌落计数器，也可用记号笔在皿底以点涂菌落的方式进行计算，以防漏计。菌落计数以菌落形成单位（colony-forming units，CFU）表示。根据GB 4789. 2—2022《食品安全国家标准　食品微生物学检验　菌落总数测定》，在计数过程中：

（1）选择菌落数在30～300CFU、无蔓延菌落生长的平板进行菌落总数的计数。低于30CFU的平板，记录其具体的菌落数，大于300CFU的平板可记为多不可计。每个稀释度的菌落数应采用两个平板的平均数。

（2）其中一个平板有较大片状菌落生长时，则不宜采用，而应以无较大片状菌落生长的平板作为该稀释度的菌落数；若片状菌落不到平板的一半，而其余一半中菌落分布又很均匀，即可计算半个平板的菌落数后乘以2，代表一个平板菌落数。

（3）当平板上出现菌落间无明显界限的链状生长时，则将每条单链作为一个菌落计数。

4. 菌落总数的计算

（1）若只有一个稀释度的平均菌落数在30～300CFU，则以此平均菌落数乘以相应的稀释倍数作为待测样品中的活菌数。

（2）若有两个连续稀释度的平均菌落数都在30~300CFU，则按式（10-1）进行：

$$N = \frac{\sum C}{(n_1 + 0.1n_2)d} \tag{10-1}$$

式中　$N$——样品中菌落总数；

$\sum C$——适宜计算范围内的平板菌落数之和；

$n_1$——第一适宜稀释度（低稀释倍数）平板个数；

$n_2$——第二适宜稀释度（高稀释倍数）平板个数；

$d$——稀释因子（第一适宜稀释度）。

例如：

| 稀释度 | 第一稀释度：$10^{-2}$ | | 第二稀释度：$10^{-3}$ | |
|---|---|---|---|---|
| 菌落总数/CFU | 第一个平板 | 第二个平板 | 第一个平板 | 第二个平板 |
| | 233 | 254 | 45 | 41 |

$$N = \frac{\sum C}{(n_1 + 0.1n_2)d} = \frac{233 + 254 + 45 + 41}{[2 + (0.1) \times 2] \times 10^{-2}} = \frac{573}{0.022} = 26045$$

按照四舍五入及科学计数法的原则，菌落总数结果可表示为：$2.6\times10^4$（CFU/g或CFU/mL）

（3）若所有稀释度的平板菌落数大于300CFU，则以最高稀释度的平板进行计算，其他平板可记录为多不可计，结果按平均菌落数乘以最高稀释倍数计算。

（4）若所有稀释度的平均菌落数均小于30CFU，则应按稀释度最低的平均菌落数乘以稀释倍数计算。

（5）若所有稀释度（包括样品液体原液）均无菌落生长，则以小于1乘以最低稀释倍数计算。

（6）若所有稀释度的平板菌落数均不在30~300CFU，其中一部分小于30CFU或大于300CFU时，则以最接近30CFU或300CFU的平均菌落数乘以稀释倍数计算。

**（二）食品中大肠菌群的测定**

1. 检验流程

食品大肠菌群MPN计数法检验流程如图10-6所示。

2. 样品处理

（1）按照上部分所述的对食品菌落总数中样品处理的步骤（1）~（4）进行操作。注意，在形成1：10的样品匀液稀释液后，需要用1mol/L NaOH及1mol/L HCl调节样品匀液的pH，使样品匀液的pH控制在6.5~7.5。从样品匀浆至样品接种完毕，全过程不得超过15min。

（2）初发酵实验　分别吸取1mL 3个合适的连续样品匀液到不同的3个月桂基硫酸盐胰蛋白胨（LST）肉汤培养基中（若接种量大于1mL，用双料LST肉汤），置于（36±1）℃恒温箱中培养（24±2）h。若倒管出现气泡，则进行复发酵。若倒管无气泡产生，继续培养至（48±2）h，仍不产气者，记为大肠菌群阴性。

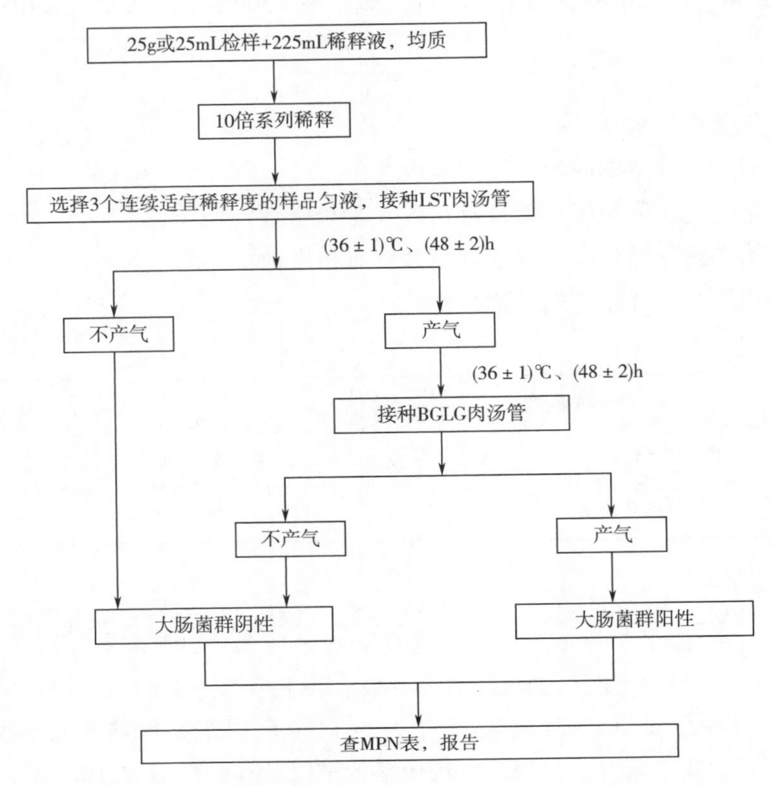


图 10-6 食品大肠菌群 MPN 计数法检验流程

（3）复发酵实验 用灼烧冷却后的接种环取 1 环 LST 肉汤培养物到煌绿乳糖胆盐肉汤（BGLB）复发酵培养基中，置于（36±1）℃恒温箱中培养（48±2）h。观察产气的情况，不产气者，则记为大肠菌群阴性，产气者则记为大肠菌群阳性。统计出大肠菌群的阳性管数。

3. 大肠菌群最可能数（MPN）的报告

依据大肠菌群阳性管数，在 MPN 检索表（表 10-3），报告每 1g（mL）样品中大肠菌群的最可能数，即 MPN 值。

表 10-3 大肠菌群最可能数（MPN）检索表

| 阳性管数 | | | MPN | 95%可信限 | | 阳性管数 | | | MPN | 95%可信限 | |
|---|---|---|---|---|---|---|---|---|---|---|---|
| 0.10 | 0.01 | 0.001 | | 下限 | 上限 | 0.10 | 0.01 | 0.001 | | 下限 | 上限 |
| 0 | 0 | 0 | <3.0 | — | 9.5 | 2 | 2 | 0 | 21 | 4.5 | 42 |
| 0 | 0 | 1 | 3.0 | 0.15 | 9.6 | 2 | 2 | 1 | 28 | 8.7 | 94 |
| 0 | 1 | 0 | 3.0 | 0.15 | 11 | 2 | 2 | 2 | 35 | 8.7 | 94 |
| 0 | 1 | 1 | 6.1 | 1.2 | 18 | 2 | 3 | 0 | 29 | 8.7 | 94 |

续表

| 阳性管数 | | | MPN | 95%可信限 | | 阳性管数 | | | MPN | 95%可信限 | |
|---|---|---|---|---|---|---|---|---|---|---|---|
| 0.10 | 0.01 | 0.001 | | 下限 | 上限 | 0.10 | 0.01 | 0.001 | | 下限 | 上限 |
| 0 | 2 | 0 | 6.2 | 1.2 | 18 | 2 | 3 | 1 | 36 | 8.7 | 94 |
| 0 | 3 | 0 | 9.4 | 3.6 | 38 | 3 | 0 | 0 | 23 | 4.6 | 94 |
| 1 | 0 | 0 | 3.6 | 0.17 | 18 | 3 | 0 | 1 | 38 | 8.7 | 110 |
| 1 | 0 | 1 | 7.2 | 1.3 | 18 | 3 | 0 | 2 | 64 | 17 | 180 |
| 1 | 0 | 2 | 11 | 3.6 | 38 | 3 | 1 | 0 | 43 | 9 | 180 |
| 1 | 1 | 0 | 7.4 | 1.3 | 20 | 3 | 1 | 1 | 75 | 17 | 200 |
| 1 | 1 | 1 | 11 | 3.6 | 38 | 3 | 1 | 2 | 120 | 37 | 420 |
| 1 | 2 | 0 | 11 | 3.6 | 42 | 3 | 1 | 3 | 160 | 40 | 420 |
| 1 | 2 | 1 | 15 | 4.5 | 42 | 3 | 2 | 0 | 93 | 18 | 420 |
| 1 | 3 | 0 | 16 | 4.5 | 42 | 3 | 2 | 1 | 150 | 37 | 420 |
| 2 | 0 | 0 | 9.2 | 1.4 | 38 | 3 | 2 | 2 | 210 | 40 | 430 |
| 2 | 0 | 1 | 14 | 3.6 | 42 | 3 | 2 | 3 | 290 | 90 | 1000 |
| 2 | 0 | 2 | 20 | 4.5 | 42 | 3 | 3 | 0 | 240 | 42 | 1000 |
| 2 | 1 | 0 | 15 | 3.7 | 42 | 3 | 3 | 1 | 460 | 90 | 2000 |
| 2 | 1 | 1 | 20 | 4.5 | 42 | 3 | 3 | 2 | 1100 | 180 | 4100 |
| 2 | 1 | 2 | 27 | 8.7 | 94 | 3 | 3 | 3 | >1100 | 420 | — |

注：①本表采用3个稀释度［0.1g（mL）、0.01g（mL）、0.001g（mL）］，每个稀释度接种3管。

②表内所列检样量如改用1g（mL）、0.1g（mL）和0.01g（mL）时，表内数字应相应降低10倍；如改用0.01g（mL）、0.001g（mL）和0.0001g（mL）时，则表内数字应相应增高10倍，其余类推。

## 五、实验注意事项

在制备十倍梯度稀释液时，不可用上一稀释度用过的吸管或微量移液管去吸取稀释液到下一稀释度中，否则可能会使结果较实际的菌落数高。吸管或微量移液管在进入试管时，不要碰到试管口，容易污染药品。

## 六、实验报告

1. 统计菌落数，并记录在表10-4中，并计算出检样中的菌落总数（CFU/g或CFU/mL），同时做好实验心得总结。

表 10-4 样品中菌落总数

| 稀释度 | 第一稀释度：（ ） | | 第二稀释度：（ ） | | 第三稀释度：（ ） | |
|---|---|---|---|---|---|---|
| 菌落数 | 重复 1 | 重复 2 | 重复 1 | 重复 2 | 重复 1 | 重复 2 |
| | | | | | | |
| 计算依据 | | | | | | |
| 菌落总数/（CFU/g 或 CFU/mL） | | | | | | |

2. 统计大肠菌群阳性管数，查阅 MPN 检索表，记录在表 10-5 中，并报告每 1g（mL）样品中大肠菌群的最可能数，即 MPN 值。

表 10-5 样品中的大肠菌群数

| 阳性管数 | | | MPN | 95%可信限 | |
|---|---|---|---|---|---|
| 第一稀释度：( ) | 第二稀释度：( ) | 第三稀释度：( ) | | 上限 | 下限 |
| | | | | | |

## 思考题

1. 菌落总数及大肠菌群测定的卫生学意义分别是什么？

2. 当试管中产气现象不明显或者倒管内无气体，但其液面上有小气泡，试分析原因。

# 实验四十四　污水中大肠杆菌噬菌体的分离与效价测定

食源性致病菌，如沙门氏菌、李斯特菌等，是影响食品安全的重要因素。近年来，因耐药性食源性病原菌现象的出现，人们更关注寻求生物型防治剂的研发。噬菌体是一类寄生在原核生物细胞内的病毒，利用宿主细胞内的物质来合成自身的组成成分，以溶源和裂解两种方式与其宿主相互作用。烈性噬菌体能快速完成吸附、侵入、组装、繁殖，最终裂解宿主，释放子代噬菌体，而温和型噬菌体只是将基因整合在宿主基因组上，不裂解宿主，以共存的方式存在于宿主细胞中，称前噬菌体，具有前噬菌体的宿主称溶源性细菌。

噬菌体作为可感染并杀死宿主的病毒，具备有效性及特异性等特点，为细菌性病原菌的生物防控提供了新的途径。一方面，获得高效价的噬菌体是有效抑制致病菌生长的重要保障。另一方面，由于噬菌体的寄主分布广泛，易获取，培养周期短，是一种研究病毒一般特征和普遍规律的模式生物。本次实验以分离纯化大肠杆菌噬菌体为例，介绍双层琼脂平板法分离纯化噬菌体及对其进行效价测定的基本原理和方法。

## 一、实验目的

1. 掌握从污水中分离纯化大肠杆菌噬菌体的基本原理和方法。
2. 掌握初步测定噬菌体效价的方法。

## 二、实验原理

噬菌体可以特异性地侵染细菌，其结构比较简单，由蛋白质形成的头部和尾部及其头部中的核酸构成，只能依靠宿主才能将基因传给子代，因此，需要借助宿主细胞作为敏感菌株去获得目的噬菌体。大肠杆菌噬菌体可以经裂解大肠杆菌而释放出来，通过培养粪便或污水中的大肠杆菌以富集噬菌体，收集制备噬菌体裂解液，将裂解液加入含有敏感菌株的固体培养基上，根据裂解液涂布区中的噬菌斑来判断裂解液中噬菌体的情况。若裂解液中含有噬菌体，则需要运用十倍稀释法对裂解液进行稀释，并利用双层琼脂平板法对噬菌体进行纯化，直到双层琼脂平板上的噬菌斑形态大小一致为止。噬菌体的初测效价（PFU/mL）则以单位体积（mL）裂解液形成的噬菌斑数目来表示。

## 三、实验材料

1. 菌种

大肠杆菌。

2. 培养基

3×牛肉膏蛋白胨液体培养基、牛肉膏蛋白胨液体培养基、牛肉膏蛋白胨琼脂固体底层培养基、牛肉膏蛋白胨琼脂半固体上层培养基。

3. 其他

超净工作台、离心机、恒温水浴锅、无菌涂布器、无菌吸管、培养皿、三角瓶、试管、注射器、滤膜过滤器。

## 四、 实验步骤

1. 噬菌体的分离及富集

(1) 敏感菌株菌悬液的制备　从斜面培养基上取一环已活化的大肠杆菌菌体，接种到牛肉膏蛋白胨液体培养基中，在37℃下培养以获得大肠杆菌菌悬液。

(2) 噬菌体样品的增殖　取6mL上述敏感菌株于盛有50mL 3×牛肉膏蛋白胨液体培养基的三角瓶内，在37℃下摇瓶培养46h，再加入污水样100mL，继续在37℃下摇瓶培养12~14h，使污水中的噬菌体侵入大肠杆菌，进行增殖。

(3) 噬菌体裂解液的制备　将上述培养液在2000~3000r/min下离心15~30min，取上清液通过0.22μm微孔滤膜滤器和注射器，以去除大肠杆菌，将滤液收集在一个无菌三角瓶中，取少量过滤后的裂解液于牛肉膏蛋白胨液体培养基中，在30℃下培养过夜，以进行无菌检查，若无细菌生长，则表明大肠杆菌已清除。

(4) 噬菌体存在的验证　在牛肉膏蛋白胨固体培养基上滴加100μL菌悬液，用无菌涂布器涂匀，待菌悬液被平板培养基吸干后，滴5~7小滴裂解液于含菌平板表面。每滴裂解液不宜过多，以防流淌而影响结果及观察。验证时，需在含菌平板某一区域上滴加1滴生理盐水作为对照。将此平板倒置于恒温培养箱中于37℃下培养18~20h。若裂解液中含有噬菌体，则会在含菌平板上出现蚕食状透明空斑，而生理盐水滴加区域则长满大肠杆菌菌落，如图10-6所示。

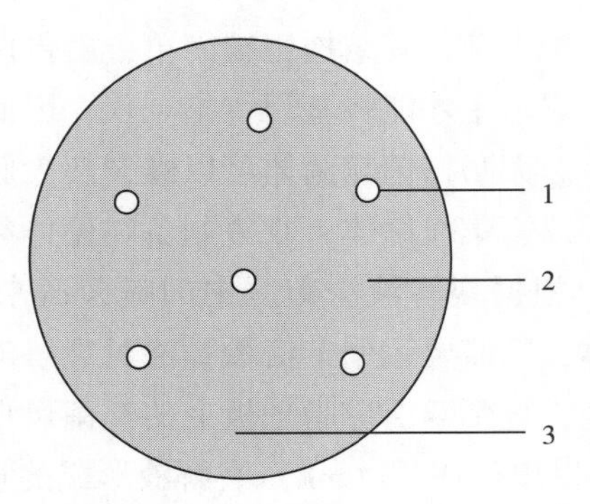


图10-6　噬菌体验证图

1—噬菌斑　2—大肠杆菌菌苔　3—生理盐水区域长满大肠杆菌菌苔

2. 噬菌体的纯化

从污水中分离出来的噬菌体往往是不纯的，主要表现为噬菌斑的大小形状不一，常用十倍稀释法对裂解液进行纯化。

（1）稀释　用无菌吸管或微量移液器吸取 1mL 过滤后的裂解液到盛有 9mL 牛肉膏蛋白胨液体培养基的试管中，充分混匀，形成 $10^{-1}$的裂解液稀释液，再从 $10^{-1}$的裂解液稀释液中吸取 1mL 到另一支盛有 9mL 牛肉膏蛋白胨液体培养基的试管中，充分混匀，形成 $10^{-2}$的裂解液稀释液，以此类推，形成 $10^{-3}$、$10^{-4}$、$10^{-5}$的稀释度。

（2）制备下层固体培养基　取 6 个内径为 9cm 的培养皿，每个平皿加入 10mL 的牛肉膏蛋白胨固体培养基作为下层培养基，凝固后依次标记为 $10^{-1}$、$10^{-2}$、$10^{-3}$、$10^{-4}$、$10^{-5}$。

（3）制备上层半固体培养基　取 5 支无菌试管，标记为 $10^{-1}$、$10^{-2}$、$10^{-3}$、$10^{-4}$、$10^{-5}$，分别向 5 支试管中加入 0.2mL 处于对数期的大肠杆菌宿主菌液及 0.1mL 对应稀释度的裂解液，振荡混匀，于 37℃下保温 5min，等待噬菌体侵入大肠杆菌。随后向 5 支试管中加入 3.0~3.5mL 的 50℃左右的牛肉膏蛋白胨半固体培养基，立即搓揉试管，使菌悬液与培养基混合均匀，并迅速倒入相应稀释度的下层培养基上，铺平待凝。

（4）培养　将凝固的培养基倒置于 37℃下培养 18~24h，观察是否出现噬菌斑。

（5）纯化　用灼烧冷却后的接种针或接种环在上述平板中挑取典型的噬菌斑至含大肠杆菌的培养液中，置于 37℃下培养 18~24h，以增殖噬菌体，重复上述步骤，直到平板中的噬菌斑大小形状完全一致为止。

3. 噬菌体效价的测定

（1）敏感菌株的制备按照上述的方法进行操作。

（2）底层培养基的制备　取 10 个无菌培养皿，分别用记号笔标注 3 个连续的稀释度，每个稀释度各 3 个培养皿，剩下一个作为空白对照使用。将溶化至 50℃的牛肉膏蛋白胨固体培养基倒入无菌培养皿中，每个培养皿倒入量为 10mL 左右，放在水平面上待冷却。

（3）稀释噬菌体　将已纯化的噬菌体的滤液用牛肉膏蛋白胨液体培养基进行逐级稀释，形成连续的稀释度。在稀释的过程中，每一个稀释度都需要更换移液管。

（4）噬菌体的吸附与入侵　取 10 支无菌试管，分别用记号笔标注 3 个连续的稀释度，每个稀释度各 3 支试管，剩下一支作为空白对照使用。选取 3 个适宜连续的稀释度，吸取 0.1mL 噬菌体液于对应稀释度的试管中，空白对照组加入 0.1mL 无菌生理盐水。随后分别加入 0.2mL 大肠杆菌作为敏感菌株，振荡试管，使菌液与噬菌体液混合均匀。

（5）加 LB 半固体培养基　取 3~3.5mL 溶化在 50℃左右的牛肉膏蛋白胨半固体培养基分别加入上述含敏感菌株及噬菌体的试管中，迅速搓揉，立即加在对应稀释度的下层培养基上，铺平待凝。

（6）培养　将凝固后的平板倒置于恒温培养箱中，于 37℃下培养至噬菌斑出现。

（7）结果统计　记录平板上噬菌斑的数量，选取噬菌斑在 30~300 的数值计算噬菌体原液的效价。

$$N = Y(V \cdot X) \tag{10-2}$$

式中　$N$——噬菌体原液效价；

$Y$——某一稀释度形成的噬菌斑的平均数，个/皿；

$V$——取样量；

$X$——稀释度。

## 五、 实验注意事项

将滤液和敏感菌混合液加入50℃左右的牛肉膏蛋白胨固体培养基试管后，应立即搓揉试管，使培养基与菌液充分混合均匀。

## 六、 实验报告

1. 描述在纯化过程中各稀释度噬菌斑的形态大小特征及噬菌体的数量。

| 噬菌体稀释度 | $10^{-1}$ | $10^{-2}$ | $10^{-3}$ | $10^{-4}$ | $10^{-5}$ |
|---|---|---|---|---|---|
| 噬菌斑形态大小 | | | | | |
| 噬菌斑的数量 | | | | | |

2. 记录在噬菌体效价测定过程中形成的噬菌斑数，并计算噬菌体原液中的效价。

| 噬菌体稀释度 | 稀释度：( ) | | | 稀释度：( ) | | | 稀释度：( ) | | |
|---|---|---|---|---|---|---|---|---|---|
| | 重复1 | 重复2 | 重复3 | 重复1 | 重复2 | 重复3 | 重复1 | 重复2 | 重复3 |
| 平均值 | | | | | | | | | |

思考题

1. 如何提高测定噬菌体效价的准确性？
2. 如何提高噬菌体原液的效价？

# 实验四十五　抗生素效价的生物测定

## 一、 实验目的

1. 掌握抗生素生物效价测定的原理和方法。
2. 掌握管碟法测定抗生素生物效价相关的操作方法。

## 二、 实验原理

抗生素效价的生物测定有稀释法、比浊法、扩散法三大类。管碟法是扩散法中的一种，该方法利用抗生素在琼脂培养基的扩散渗透作用，将已知浓度的标准溶液与未知浓度的样品溶液在含有敏感性试验菌的琼脂表面进行扩散渗透，比较两者对被试菌的抑制作用，求出抑菌圈的大小，以测定抗生素的浓度。在一定范围内，浓度与抑菌圈直径在双周半对数表上（浓度为对数值，抑菌圈直径为数字值）成直线函数的关系，由此可绘制成标准曲线。依据样品的抑菌圈大小，可在标准曲线上求得其效价。本法是利用抗生素抑制敏感细菌的特点，且灵敏度较高，无需特殊设备，故一般实验室及生产上多采用此法。管碟法是目前抗生素效价测定的国际通用方法，我国药典也采用该方法。

## 三、 实验材料

1. 菌株

黄色八叠球菌（*Sarcina flava*）或者其他菌株。

2. 培养基Ⅰ（供测定抗生素生物效价时培养试验菌用）

蛋白胨 5g、酵母膏 3g、牛肉膏 1.5g、葡萄糖 1g、NaCl 3.5g、$K_2HPO_4$ 3.68g、$KH_2PO_4$ 1.32g、琼脂 20g、蒸馏水 1000mL，pH 7.2，121℃灭菌 20min。

3. 培养基Ⅱ（制定抗生素效价时摊布双层的上、下层用）

蛋白胨 6g、酵母膏 3g、牛肉膏 1.5g、葡萄糖 1g、琼脂 18g、蒸馏水 1000mL，pH 6.8，121℃灭菌 20min。

4. 其他材料

培养皿、牛津杯（或不锈钢小管）、游标卡尺、陶瓦圆盖、50mL 容量瓶、250mL 容量瓶、1000mL 容量瓶、0.1mol/L HCl、土霉素标准品等。

## 四、 实验步骤

1. pH 6.0 磷酸缓冲液的配制

准确称取 $KH_2PO_4$ 0.8g 和 $K_2HPO_4$0.2g，置 100mL 容量瓶中，用蒸馏水稀释至刻度，灭菌备用。

2. 标准土霉素溶液的配制

精确称取 20mg 左右土霉素标准品（880U/mg），先用 0.1mol/L HCl 溶解（按称量每 10mg 加酸 1mL），然后加入无菌蒸馏水稀释成 1000U/mL 的溶液，5℃以下保存。

3. 被测样品溶液的制备

精确称取样品 20mg 左右，先用 0.1mol/L HCl 2mL 溶解，然后再用无菌蒸馏水稀释成 1000U/mL，再吸取 1mL 溶液至 50mL 容量瓶中，加 pH 6.0 乙酸缓冲液至刻度，稀释成 2U/mL 的样品溶液。

4. 黄色八叠球菌菌液的制备

在实验前一日，将菌种接种于盛有培养基Ⅱ的试管斜面中，于 28℃培养 24h 后，用培养基 I 将约 5mL 的菌体洗下，即得到黄色八叠球菌液。

5. 双碟的制备

取直径 90mm、高 15mm 的双碟 27 个，分别注入已溶解的培养基Ⅱ20mL，摇匀，置水平位置使之凝固，作为底层。另取培养基Ⅱ，溶解后，冷至 48~50℃，加入上述黄色八叠球菌菌液适量，迅速摇匀。在每双碟中分别加入 5mL 含此菌的培养基，使在底层上均匀摊布，作为菌层，置水平位置，待冷凝后，在每双碟中以等距离均匀放置牛津杯 6 个，用陶瓦圆盖覆盖备用。

6. 标准曲线的制备

取 50mL 容量瓶 9 只（编号），并向各瓶内分别加入不同量的标准品溶液（1000U/mL），用磷酸缓冲液稀释至刻度，制成土霉素浓度为 8U/mL、10U/mL、12U/mL、16U/mL、20U/mL、24U/mL、28U/mL、32U/mL、36U/mL 9 种梯度的标准品稀释液（表 10-6）。

表 10-6 标准液的配制

| | 1 | 2 | 3 | 4 | 5 | 6 | 7 | 8 | 9 |
|---|---|---|---|---|---|---|---|---|---|
| 标准品浓度/（100U/mL） | 0.4 | 0.5 | 0.6 | 0.8 | 1.0 | 1.2 | 1.4 | 1.6 | 1.8 |
| 最终土霉素浓度/（U/mL） | 8 | 10 | 12 | 16 | 20 | 24 | 28 | 32 | 36 |

取上述制备的双碟 24 个，每碟 6 个牛津杯，间隔的 3 杯中各装每毫升含 20U 的标准品稀释液，将每 3 个双碟组成一组，共分 8 组。在第一组的 3 个双碟的空杯中各装入每毫升含 8U 的标准品稀释液；第二组的空杯中各装入每毫升含 10U 的标准品稀释液，依次将 8 种浓度的标准品稀释液装完（图 10-7）。共得每毫升含 20U 的标准品稀释液 72 杯，其他各种稀释度的标准品各得 9 杯，全部双碟盖上陶瓦圆盖后置 37℃培养 16~18h，测量各抑菌圈的直径，分别求得每组 3 个双碟中的每毫升中含 20U 标准品抑菌圈直径与其他各种浓度标准品抑菌圈直径的平均值，再求出 8 组中 20U/mL 标准品的抑菌圈直径总平均值，总平均值与各组中 20U/mL 的抑菌圈直径平均值的差数，即为各组的校正数，根据各组校正数将 8 种浓度的抑菌圈平均值校正。

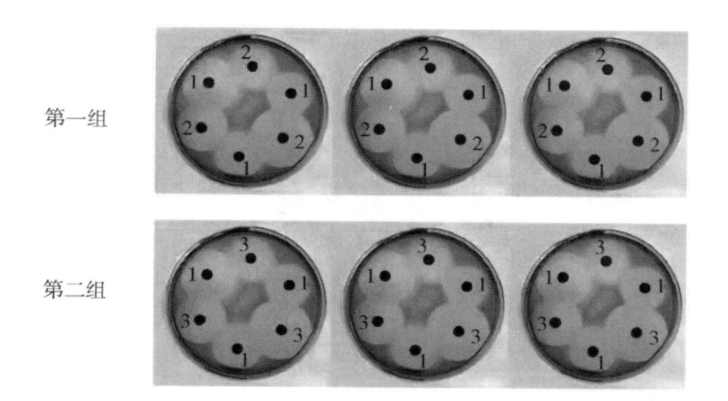


图 10-7 标准曲线的制备示意图

1—标准曲线的校正稀释度；2、3—标准曲线的其他稀释度

7. 效价的测定

取上述已制备好的双碟 3 个，在每碟 6 个牛津杯间隔的 3 杯中各装入 20U/mL 的标准品稀释液，其他 3 杯中各装入 20U/mL（估计数）的样品溶液，盖上陶瓦圆盖，置 37℃培养 16~18h，测量各抑菌圈的直径，分别求得标准品稀释液和样品溶液所致的 9 个抑菌圈直径的平均值。照上述标准曲线的制备方法求得校正数后，将样品溶液所致的抑菌圈直径的平均值校正，再从标准曲线中查询得样品溶液的效价，并换算成被测样品每毫克所含的单位数。

## 五、 实验注意事项

1. 实验中样品的称量、稀释、培养基倒平板等操作要严格的无菌操作。

2. 配制抗生素溶液应单独使用一套工作服，因为操作者的工作服上可能会沾染抗生素粉末，在后续实验中会随衣袖的抖动落入培养基，容易造成实验误差。

3. 双碟在 37℃下培养 16~18h。时间太短会造成抑菌圈模糊；太长则会使菌株对抗生素的敏感性下降，在抑菌圈边缘的菌则继续生长，使得抑菌圈变小。

4. 用游标卡尺测量抑菌圈直径，不宜取去小钢管再测量，也不能把双碟翻转过来测量抑菌圈直径，底面玻璃折射会影响抑菌圈测量的准确度。

## 六、 实验报告

将上述所得结果数据记录下来，同时做好实验的心得总结。

### 思考题

1. 在哪一生长期微生物对抗生素最敏感？
2. 抗生素效价测定中，为什么常用管碟法测定？管碟法有何优缺点？
3. 抗生素效价测定为什么不用玻璃皿盖而用陶瓦盖？

# 实验四十六　固定化酵母发酵酒精

## 一、 实验目的

1. 了解微生物细胞固定化的原理及其特性。
2. 掌握制备固定化细胞的常用方法。
3. 学会用固定化酿酒酵母进行酒精发酵及测定。

## 二、 实验原理

固定化酶的研究开始于20世纪50年代，发展迅速。由于微生物酶有胞外酶和胞内酶之分，胞外酶由微生物细胞分泌至培养基中；胞内酶在整个培养过程，始终保留在细胞内或细胞表面，只有当细胞裂解后才能释放至培养基中。因此，在使用胞内酶时，应先将其从细胞中提取出来。有些胞内酶在提纯、固定化过程中还会失去活性，提纯过程复杂，增加了生产成本。同时，有些酶促反应需要多步完成，固定一种酶有时并不能满足工艺的需要。到20世纪70年代，作为发酵源的微生物菌体本身的固定化，即固定化微生物，引起了人们极大的关注。微生物细胞固定化可避免复杂的提取和纯化过程，同时解决了酶的不稳定性问题。细胞固定化后，可保持较高的酶活力，操作稳定性较好，可在多步酶促反应中应用，可以实现连续化、自动化操作。

固定微生物细胞的原理是将微生物细胞利用物理或化学的方法，使细胞与固体的水不溶性支持物（或称载体）相结合，使其既不溶于水，又能保持微生物的生物活性。微生物细胞在固相状态作用于底物，具有离子交换树脂的特点。有一定的机械强度，可用搅拌或者装柱的形式与底物溶液进行接触。由于微生物细胞被固定在载体上，使得它们在反应结束后，可反复使用，也可储存较长时间使微生物活性不变。

微生物细胞固定化常用载体有：①多糖类（纤维素、琼脂、葡聚糖凝胶、藻酸钙、卡拉胶、DEAE-纤维素等）；②蛋白质（骨胶原、明胶等）；③无机载体（氧化铝、活性炭、陶瓷、磁铁、二氧化硅、高岭土、磷酸钙凝胶等）；④合成载体（聚丙烯酰胺、聚苯乙烯、酚醛树脂等）。选择载体原则以价廉、无毒、强度高为好。微生物细胞固定化常用的方法有吸附法、包埋法、交联法和共价结合法四种。

1. 吸附法

将细胞直接吸附于惰性载体上，分物理吸附法与离子结合法。物理吸附法是利用硅藻土、多孔砖、木屑等作为载体，将微生物细胞吸附住。离子结合法是利用微生物细胞表面的静电荷，在适当条件下可以和离子交换树脂进行离子结合和吸附制成固定化细胞。吸附法的优点是操作简便、载体可再生；缺点是细胞与载体的结合力弱，pH、离子强度等外界条件的变化都可以造成细胞的解吸而从载体上脱落。

2. 包埋法

将微生物细胞均匀地包埋在水不溶性载体的紧密结构中，细胞不致漏出，而底物和产物可以进入和渗出。细胞和载体不起任何结合反应，细胞处于最佳生理状态。因此，酶的稳定性高，活力持久，所以目前对于微生物细胞的固定化大多采用包埋法。

3. 交联法

利用双功能或多功能交联剂，使载体和微生物细胞相互交联起来，成为固定化酶或固定化细胞。常用的交联剂是戊二醛，这是一种双功能的交联剂，在它的分子中，一个功能团与载体交联，另一个功能团与酶或细胞交联。交联法突出的优点是固定化细胞的稳定性好。

4. 共价结合法

细胞表面上官能团和固相支持物表面的反应基团形成化学共价键连接，从而固定微生物。该方法固定化微生物稳定性好，不易脱落，但限制了微生物的活性，同时反应激烈，操作与控制复杂苛刻。

到目前为止，尚无一种可用于所有种类的微生物细胞固定化的通用方法，因此，对不同的微生物细胞应选择其合适的固定化方法。

## 三、 实验材料

1. 菌种

酿酒酵母（*Sacchoromyces cerevisiae*）。

2. 培养基

种子培养基 YPD（酵母浸出粉胨葡萄糖培养基）。分装 30mL 培养基于 250mL 锥形瓶中，共 4 瓶，经 100Pa 灭菌 15~20min 后备用；酒精发酵培养基 YG，分装 200mL 培养基于 300mL 锥形瓶中，共 4 瓶，经 100Pa 灭菌 15~20min 后备用。

3. 主要药品

海藻酸钠、琼脂、卡拉胶、葡萄糖、蛋白质、酵母膏、明胶、戊二醛等。

4. 器皿

培养皿、无菌 10mL 注射器外套及静脉针头或带喷嘴的小塑料瓶、移液管、小烧杯、玻璃棒、牛角勺、小刀、烧瓶、冷凝管等。

## 四、 实验步骤

1. 酵母种子培养液的制备

挑取新鲜斜面菌种 1 环，接入装有 30mL YPD 培养基的锥形瓶中，共接 4 瓶，30℃振荡培养至对数期。

2. 微生物细胞固定化的两种常见方法

（1）包埋法　包括以下三种主要材料的制备方法。

①琼脂凝胶固定化细胞的制备：称取 1. 6g 琼脂于 100mL 小烧杯中，加水 40mL，加热熔化后，100Pa 灭菌 20min 冷却至 50℃，加入 10mL 培养至对数期的酵母种子液，混

合均匀，立即倒入直径 15cm 的无菌平皿中，待充分凝固后用小刀切成大小为 3mm×3mm×3mm 的块状，装入 300mL 锥形瓶中，用无菌去离子水洗涤 3 次，加入 200mL YG 培养液，置 30℃ 培养 72h。另外，再取 10mL 未经固定化的酵母种子液接入到装有 200mL YG 培养液的无菌锥形瓶中作为对照，同样条件下培养 72h 后测酒精含量。

如采用连续发酵法，可使用柱式反应器（图 10-8），即将固定化细胞放入 2.8cm×12.5cm 柱中，然后将 YG 培养基于 30℃，以 50mL/h 的速率通过反应柱。包埋细胞在凝胶柱中生长繁殖达到稳定状态。连续添加 YG 培养基可维持这种稳定状态。在这种情况下，以填充柱中凝胶珠体积和培养基的流速之比来表示滞留时间，温度维持在 30℃。为防止填充柱被杂菌污染，该步骤通常在无菌条件下进行。

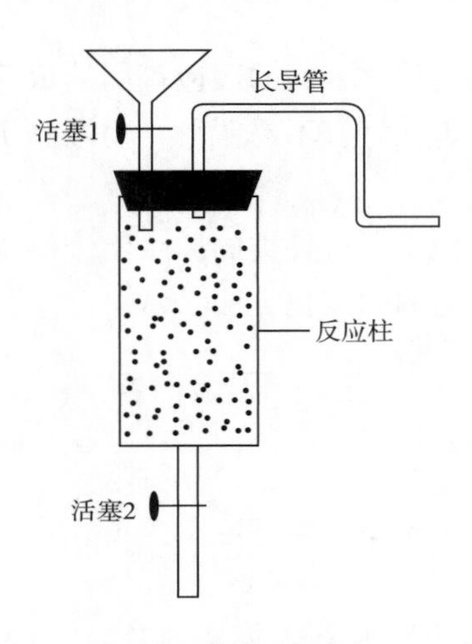


图 10-8 连续式反应柱

②海藻酸钠凝胶固定化细胞的制备：海藻酸钠凝胶是从海藻中提取获得的藻酸盐，为 D-甘露糖醛酸和古洛糖醛酸的线性共聚物，多价阳离子如 $Ca^{2+}$、$Al^{3+}$ 可诱导凝胶形成。将微生物细胞与海藻酸钠溶液混匀后，通过注射器针头或相似的滴注器将上述混合液滴入 $CaCl_2$ 溶液中，$Ca^{2+}$ 从外部扩散进入海藻酸钠与细胞混合液内，使海藻酸钠转变为水不溶的藻酸钙凝胶，由此将微生物细胞包埋在其中。实验过程中，应尽量避免培养基中含有钙螯合剂（如磷酸根），因其可导致钙的溶解和释放，并由此引起凝胶的破坏。

称取 1.6g 海藻酸钠，放置于无菌的小烧杯中，加无菌去离子水少许，调成糊状，再加至总量为 40mL。加温至熔化，冷却至 45℃ 左右，加入 10mL 酵母培养液，混合均匀，倒入一个无菌的小塑料瓶或注射器外套中，并与针头相连，通过 1.5~2.0mm 的小孔，以恒定的速度滴到盛有 10% $CaCl_2$（胶诱导剂）溶液的平皿中制成凝胶珠。浸泡 30min 后，将凝胶珠转入 300mL 锥形瓶中，用无菌去离子水洗涤 3 次后加入 200mL YG 培养基，置 30℃ 培养 72h 测定酒精含量。

③卡拉胶固定化细胞的制备：卡拉胶是一种从海藻中分离出来的多糖，其化学组成为 $\beta$-D-半乳糖硫酸盐和 3,6-脱水-$\alpha$-D-半乳糖交联而成。加热冷却的卡拉胶，经胶诱生剂如 $K^+$、$NH^{4+}$、$Ca^{2+}$、$Mg^{2+}$、$Fe^{3+}$ 及水溶性有机溶剂诱导形成凝胶。卡拉胶固定微生

物细胞具有凝胶条件简单、凝胶诱生剂对酶活力影响少、细胞回收方便等诸多优点，目前多选用它作载体。

称取 1.6g 卡拉胶，于小烧杯中加无菌去离子水、调成糊状，再加至总量为 40mL。加温至熔化，冷却至 45℃左右，加入 10mL 预热至 30℃左右的酵母培养液。混合后倒入带有小喷嘴的塑料瓶或注射器外套中，并与小针头相接，通过直径为 1.5～2.0mm 的小孔，以恒定的速度滴到装有已预热至 20℃、2% KCl 溶液的平皿中制成凝胶珠浸泡 30min 后，将凝胶转入 300mL 锥形瓶中，用无菌去离子水洗涤 3 次后，加入 200mL YG 培养液中，置 30℃恒温箱培养 72h，观察结果。同时取出 2 粒凝胶置于无菌生理盐水中浸泡，然后放 4℃冰箱保存，留作计算细胞活菌数。

（2）交联法　吸取 10mL 培养到对数期的酵母菌悬液加入 25mL 2%的明胶液中，混合均匀，倒入 15cm 的无菌平皿中，在 0～5℃冻结后，切成 3mm×3mm×3mm 小块，再浸入 1.5%戊二醛中，室温下交联 3h，将颗粒转入 300mL 锥形瓶中，用无菌去离子水洗涤 3 次，加入 YG 培养基，置 30℃培养 72h 后测定酒精含量。

3. 酒精发酵及含量测定

（1）固定化细胞的回收与活菌计数　取培养 72h 的固定化细胞，如含酵母的卡拉凝胶包埋珠 2 粒，放入 5mL 无菌生理盐水中。培养前的凝胶珠同样处理。37℃轻轻振荡 15min，使胶珠溶解。适当稀释后涂布于 YPD 琼脂平板进行活菌计数，观察酵母菌在包埋块中的增殖情况。

（2）醇发酵液的蒸馏及酒精含量的测定　由于本次实验发酵液中酒精含量较低，因此可用明火直接加热蒸馏（图 10-9）。取 100mL 发酵液，倒入 500mL 圆底烧瓶中，加 100mL 蒸馏水蒸馏，沸腾后改用小火。当开始流出液体时，用 100mL 容量瓶准确接收馏出液 100mL。倒入 100mL 量筒中，用酒精密度计测量其酒精含量。剩余的发酵液全部倒出后弃去，将固定化细胞用无菌去离子水洗 3 次，加入 YG 培养基继续培养 72h，测酒精含量。

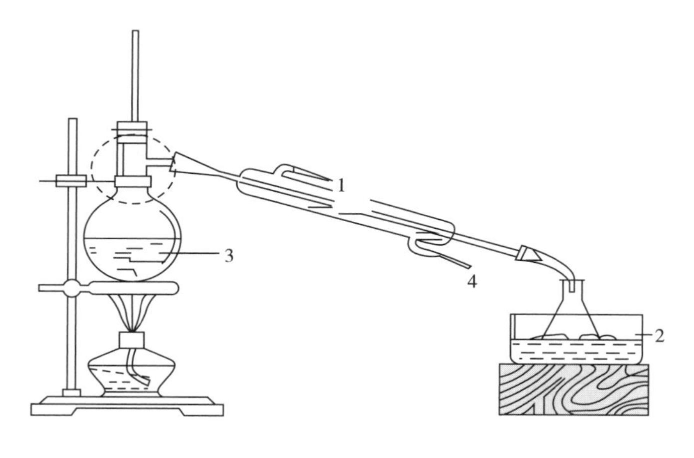


图 10-9　固定化细胞酒精发酵液蒸馏装置

1—冷凝管　2—酒精收集器　3—蒸馏烧瓶　4—橡皮软管

## 五、 实验注意事项

1. 火焰灭菌接种环或试管时，注意不要将手或其他部位烫伤。
2. 酒精蒸馏时，注意实验安全。

## 六、 实验报告

将酿酒酵母细胞固定化经发酵培养后的结果填入表 10-7 中，同时做好实验的心得总结。

表 10-7　　酒精测定及活细胞计数的结果表

| 菌号 | 载体 | 取样时间/h | 酒精含量/% | 活细胞计数[1]/（个/mL） |
|---|---|---|---|---|
| | | | | |

注：①细胞数目以卡拉胶为例。

### 思考题

1. 微生物细胞固定化常用的方法有哪些？各自的优缺点如何？
2. 制备固定化酵母细胞的主要步骤是什么？
3. 实验中为什么要选取对数期的酵母进行固定化？

# 参考文献


［1］张辉，包红朵．噬菌体在食品生产和加工中的生物防控应用及思考［J］．食品安全质量检测学报，2021，12（17）：7030-7035.

［2］诸葛斌，诸葛健．现代发酵微生物实验技术［M］．北京：化学工业出版社，2011.

［3］徐德强，王英明，周德庆．微生物学实验教程［M］．4 版．北京：高等教育出版社，2019.

［4］诸葛健．工业微生物实验与研究技术［M］．北京：科学出版社，2007.

［5］何国庆，张伟．食品微生物检验技术［M］．北京：中国质检出版社，2013.

［6］樊明涛，赵春燕，朱丽霞．食品微生物学实验［M］．北京：科学出版社，2015.

［7］李玉锋，唐洁．工科微生物学实验［M］．成都：西南交通大学出版社，2007.

［8］周德庆．微生物学实验教程［M］．3 版．北京：高等教育出版社，2013.

［9］杜连祥，路福平．微生物学实验技术［M］．北京：中国轻工业出版社，2006.

［10］赵斌，何绍江．微生物学实验教程［M］．北京：科学出版社，2013.

［11］关统伟，张小平．放线菌系统分类技术［M］．北京：化学工业出版社，2016.

［12］黄亚东，时小燕．微生物实验技术［M］．北京：中国轻工业出版社，2013.

［13］赵咏梅．微生物实验教程［M］．西安：陕西师范大学出版总社，2018.

［14］沈萍，陈向东．微生物学实验［M］．4 版．北京：高等教育出版社，2007.

［15］王颖．微生物生物学实验教程［M］．北京：科学教育出版社，2014.

［16］周德庆．微生物学教程［M］．4 版．北京：高等教育出版社，2020.

［17］沈萍，陈向东．微生物实验［M］．5 版．北京：高等教育出版社，2018.

［18］Harley，J. P. 谢建平，译．图解微生物实验指南［M］．北京：科学出版社，2012.

［19］蔡信之，黄君红．微生物实验［M］．北京：科学出版社，2019.

［20］Birnboim，H. C.，Doly，J. A rapid alkaline extraction procedure for screening recombinant plasmid DNA［J］. Nucleic Acids Research. 1979. 24，7（6）：1513-1523.

［21］刘国生．微生物学实验技术［M］．北京：科学出版社，2007.

［22］关统伟．微生物学［M］．北京：中国轻工业出版社，2021.